技術士第二次試験

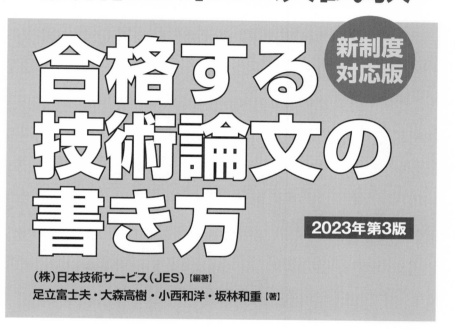

合格する
技術論文の
書き方

新制度
対応版

2023年第3版

（株）日本技術サービス（JES）［編著］

足立富士夫・大森高樹・小西和洋・坂林和重［著］

弘文社

はじめに（2022年7月実施試験の最新情報を折り込んでの改訂）

　JESの坂林和重でございます。第3版の改訂に際してご挨拶させていただきます。

　技術士試験は、2019年に試験制度が改訂されてから、4年が経ちました。その後、小規模ではありますが、随所で出題内容の変更がありました。今回最新の試験情報を本書に折り込み1人でも多くの人に合格していただければと思い、第3版の改訂を行いました。例えば、リスクとともに波及効果を重視する問題が出題されることがあります。また、その他にも2019年から変化している項目があります。それら変化したものについて、改訂に折り込みました。

　逆に、変化してないものもあります。課題や問題点、および、コンピテンシーなどです。変化してない項目は、2019年の問題を使って説明しています。2019年から2021年までを分析して2022年7月の出題内容で確認し、最新の情報を本書に収めました。

　本書を使って2023年の試験対策に活用していただければと思います。

　JESでは、長年、東京都北区のセミナー会場で対面による技術士試験対策を実施してきました。しかし、2020年から発生したコロナ禍によってZoom（TV会議）を余儀なくされました。当初は、「対面の方が良い」との声をいただきましたが、今では、「Zoomで充分合格できる」との声をいただいています。さらには、海外など遠方からの参加者も増えています。動画や画面共有などが、勉強に役立ち好評です。

　今後ますます技術士試験は、国際エンジニアリング連合（IEA）との関係や近く予定されているIPD制度の導入によって、難易度はますます上昇します。この本をご覧の皆さんには、最短合格していただきたく、本書を活用していただければと思います。

　最短合格していただくために、本書を活用いただいている皆さんには、読者特典として様々な資料をWebサイトから提供したいと思います。ご希望の方は、下記URLから資料を取得していただければと思います。

https://ejes.jp/

　では、皆様の最短合格を祈念しております。

　　　　　　　　　　　　　　　　　　　　　　　　　　　　　　執筆者代表

本書の活用法

　本書は、技術士第二次試験にチャレンジしようとする技術者の皆さんを対象に、技術士筆記試験に合格できる論文の書き方について説明しています。特に、試験問題からキーワードを抽出し、解答論文への論点の絞り込みを行い、文章への展開を具体的に示しております。

　本書は、毎日行っている業務でも使用できるように、技術報告書や技術提案書、業務日誌など、技術論文などの書き方の要点を示し、論文記述の共通点である「論文の書き方」を説明します。技術士第二次試験の解答論文の書き方を示し、高得点論文作成法をまとめたものです。

　技術士第二次試験の試験対策は、準備の良し悪しが合否に直結します。したがって、具体的な準備の内容を説明し、試験時、試験後にどのような注意点があるかを説明しています。

　令和元年（2019 年）度から技術士第二次試験の試験制度見直しが決定し、必須科目は択一問題から論文記述問題に変更されました。したがって、論文の書き方の重要性が高まりました。本書の内容を理解し、あらゆる文書試験（他の国家試験や昇進試験）にも対応し、合格レベルの内容に仕上げられる要点を示していますので熟読してください。

本書の構成

　本書は、第1章から第7章で構成しております。この7つの章を大きく3区分し、第1章から第3章は、技術士第二次試験における論文に対し、次のようにまとめました。

　1. 分かりやすい論文とはどのような論文か
　2. 試験論文の基本的な事項と合格論文の内容
　3. さらに高得点が得られる論文に仕上げる方法

　第4章と第5章は、過去問題分析によるキーワード学習の内容と文章の心得を10か条にまとめています。第6章と第7章では、技術士第二次試験の試験対策と試験時、試験後の注意点を示し、最後にキーワードの事例を6部門掲載しています。また、令和元年度の必須科目の解答例と選択科目は令和3年度の問題を解答し論文の書き方の実例を示し試験対策として活用できるようにしました。

　以下に各章ごとに説明します。
　第1章 分かりやすい文章の書き方
　「技術士論文とは相手に分かりやすい論文」の必要性を説明しています。分かりやすい論文を書くときに気をつけるべき事項をまとめました。
　第2章　技術士論文作成の基本事項
　本番に役に立つ項目を示し、技術士論文で評価が得られる論文とはどのような論文かを示しています。
　第3章　技術士論文作成の注意確認事項
　論文の具体的な内容を示し、注意事項をまとめ、合格論文の内容を示しました。さらに合格点が得られる論文に仕上げる方法についてもまとめました。
　第4章　過去問題分析によるキーワード学習の重要性
　3つの技術部門の過去問題から、キーワードを抽出しキーワード分析の具体的結果を載せています。

第 5 章　伝わりやすい文章の心得 10 カ条

　文章を書くときに注意しなくてはならないこと、心がける項目を心得 10 カ条にまとめています。

第 6 章　技術士試験　準備編・実践編

　技術士第二次試験の準備と実践を実例とともに示しました。これから技術士第二次試験を受験される方は、この項目に示した内容を理解して準備し、実践で活用していただきたい内容です。

第 7 章　技術士試験（3 部門）論文の書き方の実例

　論文の書き方を説明します。キーワードの事例を 6 部門それぞれに約 300 個を取りあげております。また、建設部門、機械部門、電気電子部門の 3 部門の解答論文の書き方を実例として説明しています。必須科目は令和元年度、選択科目は令和 3 年度の過去問題から解答用紙への書き方を順序に沿って書いていますので、参考にできる内容となっています。

目　次

第6章　技術士試験　準備・実践編

第7章　技術士試験（3部門）論文の書き方の実例

第1章
分かりやすい文章の書き方

　本章では技術士第二次試験の解答論文は、どのように書けばよいか、分かりやすい論文について説明しています。特に試験官に読んでいただける解答論文にする方法を説明しています。次に試験当日全体の流れで、記述前にどのようなことを行い、書き始め、何を確認し、書き終えた後は、何をしなくてはならないか説明しています。したがって、本章では分かりやすく、読まれる解答論文と、筆記試験当日の実施すべき内容を説明します。

1　技術士論文とは分かりやすい論文

1　読まれる論文と読まれない論文

　技術士第二次試験の解答論文は、試験官に理解されることが合格レベルです。なぜなら、解答論文は試験官に理解してもらって初めて評価されるからです。

　解答論文は最初に読んでもらうことが絶対条件です。言い換えれば、解答論文は、読まれる前に一見して興味を引く論文です。

　解答論文は、設問に対して忠実な結論を書くだけでなく、結論に導かれた思考のプロセスを、図表、数値により、妥当性や実現可能性が納得できる内容とします。

　読まれる論文とは、章立てや箇条書き、図表、結論などで読み手である試験官の目に留まり、読みやすく、分かりやすく書かれている論文です。

　技術士論文は、一見して読みたい論文、分かりやすい論文で、しかも、記述内容が設問で問われている内容に答えている論文が合格の評価です。

　読まれる論文とはどのようなものか、読まれない論文とはどのような内容かを見てみましょう。

読まれる論文

1. 冒頭に興味を引く言葉が書かれている。
2. 結論は、最後に書くが、結論を予想させる言葉を先に書いている。
3. 論文展開で次の展開が気になる文章になっている。
4. 平易な言葉で文法が守られている。
5. 文章の起承転結が明確になっている。
6. 短い文章で、言い切る言葉で書かれている。
7. 余白と文字量、図表のバランスがよい。
8. 重要な言葉や箇所が分かりやすい。
9. 文字は適度な濃さ（エンピツの芯はB以上）で丁寧に書かれている。
10. 一見して、見た目・見栄えのよい論文構成。

読まれない論文

1. 冒頭に興味を引く文章がない。
2. 最後まで読まないと結論が分からない文章。
3. 文字ばかりで句読点が少ない。
4. 余白がなく、紙面が文字で真っ黒である。
5. 数式が多く、文章になっていない。
6. 一般文章では専門用語ばかりの文。
7. 英語や略語、専門用語が多く読みにくい。
8. 何が言いたいのか結論が分からない。
9. 文字が雑で薄く書かれている。
10. 一見して、見たくないと思わせる文。

　学会論文や学術論文は、読み手に能力を求める専門家が読む論文です。しかし、技術士解答論文は、学会発表論文や学術論文とは違い、専門家でない顧客が読む論文です。そのため、理解しやすく記述する必要があります。

2　分かりやすい文章とは

　一般的な分かりやすさについて考えてみたいと思います。分かりやすい文章は、言いたいことを伝えることができる文章です。

　小中学校などでは、正しい文章の書き方を指導しますが、正しい文章は伝わる文章とは限りません。文章とは、述べたいことが、伝わって初めて文章として価値がでます。正しい文章でも、伝わらない文章は役立ちません。

　伝わる文章は、相手が理解できるように書かれている文章です。正しい文章は伝わる文章の必要条件なのです。

分かりやすい文章を書くときの注意点を以下に示します。

1. 曖昧な表現をしない。
2. 話し言葉を使わない。
3. 事実を積み重ね説明する。
4. 憶測を挟む言葉は使用しない。
5. 見出しと小見出しで文章全体を誘導する。
6. 短い文を積み重ねる文章構成とする。
7. 大づかみの内容を先に述べる。
8. 重要なことを先に述べる。
9. 文章の全体構成表（p.40 参照）を用いる。
10. 一文一意で書く。

　　以上を要約すると、
　　解答論文は、自分の主張を正しく伝え、読みやすく、分かりやすい論文です。

2　問題配布から論文の書き始めまで

1　いきなり書き始めないで、まず考える

　技術士第二次試験時に解答する論文は、合格を目的とした論文です。したがって、持論を展開するのではなく、問題で求められている設問に対して忠実に答える内容でなくては合格の評価は得られません。試験官は、求めた質問（キーワード）にどれだけ答えたかを評価して採点します。すなわち、キーワードが答案に含まれていることが重要です。そのため、試験官が理解できない内容は、評価されません。

　書く前の心構えとして、問題文を熟読し、何が問われているかを正しく理解することが最も大切なことです。そのためには、解答論文をどのように書くか考える時間をしっかり確保することです。

　解答のステップとして、問題からキーワードを抽出し、論点の絞り込みを行い、結論を導き出し、早い段階で結論を述べる解答論文とします。解答論文は、このように論文の全体構成を検討し、文字量を考慮した配分のよい構成で見た目にもよく、分かりやすい文章であることです。

　要はひとつの文やひとつの章、論文構成を通じて解答論文全体が分かりにくい内容は読まれないのです。

　Ⅰ必須科目の問題は、2時間で原稿用紙3枚、Ⅱ選択科目とⅢ選択科目の問題は、試験時間3.5時間で6枚の論文を書きます。試験開始とともに時間との勝負となりますので、一つ一つ確実に進めてください。

　試験会場で問題が配布されたら、受験番号や問題番号、受験部門、選択科目、専門とする事項などを必ず記入します。これだけは絶対に忘れないでください。これを忘れると失格になります。

　ここで初めて、問題を読み込みます。読み込むとは一度だけ読むのでなく何度も読んで、問題で問われていることは何か、主キーワード、背景や条件、書き方の指示などにアンダーラインを入れ、論点への絞り込みとその思考プロセスを考えます。

2　試験開始直後に行うこと

　「試験開始します」がスタートです。

1. 受験番号や問題番号、受験部門、選択科目、専門とする事項などを必ず記入する。
2. 問題は少なくても3回は読んで問われていることが何かを確認する。解答キーワードについて背景、条件、質問項目、書き方は何かを抽出する。
3. 問われているのは何か、何について答えるか、解答の中に関係するキーワードを記述する。
4. 設問から国の諸政策、現在の状況、技術的内容を考慮し、解答の絞り込みを行う。
5. 設問に対する結論を決定する。
6. 結論の理由を思考プロセスとして論理的に整理し記述する。
7. 重要度を考慮し、高いものから順に記述する。
8. 論文用紙に必要な空行を入れて各章のタイトルを先に記述する。
9. 各章の記述終了の予定時間をメモする。
10. 答案用紙のホッチキス止めは取り外さないこと。

3　記述速度について

　技術士の解答論文の記述速度は、解答用紙1枚を20分間で書き終えるようにしましょう。この記述速度でなければ解答論文を書くことができません。解答論文の解答用紙は600字用です。これを1枚20分間で書き上げる筆記速度は、1文字2秒が目標です。この20分間の中で消しゴムも使用し、書き直しや図や表を書く、すべての行為を含め20分間で書き上げなくてはなりません。

　なかでも最も記述する文字量が多いのが、ⅡとⅢの選択科目で解答用紙6枚を3.5時間で書き上げることになります。

　記述時間以外に、問題を読み込む時間、書く前に解答内容の考察時間、記述終了後の推敲、内容確認や試験後に何を書いたか復元できるようにメモする時間すべて含めて3.5時間です。したがって、これら一連の解答作業を行うには、解答用紙1枚20分の記述速度が要求されるのです。

　以上を要約すると、
　試験問題文から論文構成の章立てを行い、設問に答える論文を展開することです。

3　論文を書き始めてからの心構え

1　書くときはステップに沿って分かりやすいかを確認する

　解答論文を書く心構えとして、分かりやすく誤解されない文章を書くことが大切です。満点を狙って書いた論文も誤解されるような書き方だとよい評価は得られません。

　論文構成と文章の書き方が、ともに分かりやすく書くことで評価が得られます。解答論文を書き始めたら、記述中に確認項目を自分で確認しながら書き進めます。では、どのような確認事項があるかを理解しておきましょう。

記述中に確認すること
1. 問われていることを解答しているか、勘違いはないか。
2. 冒頭に解答として伝えたいことを書いているか。
3. 設問の根拠や条件を明確に書いたか。
4. 章立て、節の各段落を分かりやすく書いているか。
5. 箇条書きで文章をすっきりと書いているか。
6. 図や表、数値を入れて具体的に書かれているか。
7. 書き順は重要な順で強調して書いているか。
8. 論点の絞り込みは以下の手法を用いることができます。
    1) 人・物・金・情報
    2) Q品質・Cコスト・D納期＋S安全・E環境
    3) 技術・コスト・環境
    4) 安全性・経済性・操作性　等
9. 具体的な内容、事例、事実を入れて書いているか。
10. 文書は、文語体と能動態で書いているか。
11. 短文で書いているか。
12. 解答用紙の最後の行まで書いているか。
13. 鉛筆の芯はB以上で濃く書いているか。

14.　起承転結の説明内容は相互に相違点がないか。

2　記述速度に対する準備

　試験対策の準備として、休日を使用し、選択科目の過去問題を自分で時間を設定して書くことです。実施の際は、試験時と同じ環境で、ストップウォッチを机の上に置いて記述速度を確認してください。なお、本番では、アナログ時計を使ってください。アナログ時計は残り時間が分かりやすいからです。

　一度目から時間設定どおりに書ける人は少ないと思います。20分で1枚の解答論文を書くことは難しいことですから、試験前までに何度も訓練することをお勧めします。

3　論文の絞り込みは思考のプロセス

　技術士の筆記試験で一番のポイントは、設問に忠実に答えることと言われています。そのため、論点の絞り込みが重要になります。論点の絞り込みの方法は第2章2-4節で説明します。

　絞り込みの過程は、思考のプロセスとして、結論の理由を書くことが求められます。自分でどのように考えて、絞り込んだかを記述することで思考のプロセスが理解されます。

　この絞り込みの結果の残し方を、過去問題を通じて思考のプロセスを記述できるように練習しておくことです。

　以上を要約すると、

　分かりやすい論文は、質問されていることを解答し、結論の要約を先に書いている論文です。

---

4 論文を書き終えてからの確認

1 書き終われば推敲し、見直し確認、論文内容のメモ

　解答論文を一とおり書き終えたら、推敲することです。記述内容を確認し、句読点を入れて読みやすく書かれているか、設問に対し正しく答えているか、論理的で納得させる文章かを確認する必要があります。巻頭と巻末での表現の相違や、誤字、脱字など初歩的なミスがないかもチェックします。

　自らが言いたい結論は、解答論文の早い段階で述べ、続いて、なぜ、それが結論なのかを、思考のプロセスや考え方を記述していることを確認しましょう。解答論文は、提出した直後に記述内容を控えておく必要があります。なぜなら、記述した解答論文は、口頭試験で試験官に確認されることがあるからです。

2 論文を書き終えた直後に行うこと

　試験終了後にどのような確認をするのかを具体的に見てみましょう。

1. 一通り書き終われば推敲する。
2. 誤字・脱字・言い間違い・考え間違いがないか。
3. 設問に対して忠実な答えが書かれているか。
4. 結論の要約は早い段階で述べ、最後に確認の結論を書いているか。
5. 解決策は思考のプロセスを論理的に書いているか。
6. 論理の展開に矛盾していないか。
7. 解決策は実現可能な内容か、事例や数値を含めて記述しているか。
8. 最初と最後の言いたいことが合っているか。
9. 受験番号や問題番号、受験部門、選択科目、専門とする事項、ページ番号などの記入に漏れはないか（特に問題番号を忘れる人が多いので注意する）。
10. 最後に解答論文の内容を口頭試験のために書き残したか。

3　試験会場から出ても試験時間

　試験が終了して、会場を後にしたら、自宅に帰るまでに、試験時のメモをもう一度確認し、復元論文を作成してください。これを怠ると、口頭試験で困ることになります。復元論文の作成も試験の一環ととらえて、忘れないうちに作成してください。

　解答論文の復元をあきらめた人に限って、筆記試験合格の通知を受け取ると、なぜあのとき、素直にやらなかったのだろうと後悔し、後になって中途半端な復元論文を作ることになります。

　このような方を多く見ていますので、試験当日は復元論文を作成するまでが、試験時間として最後まで取り組んで下さい。

　以上を要約すると、

　試験時の見直しとして、受験番号・問題番号、受験部門・選択科目・専門とする事項など記入項目が書き込まれているか確認しましょう。

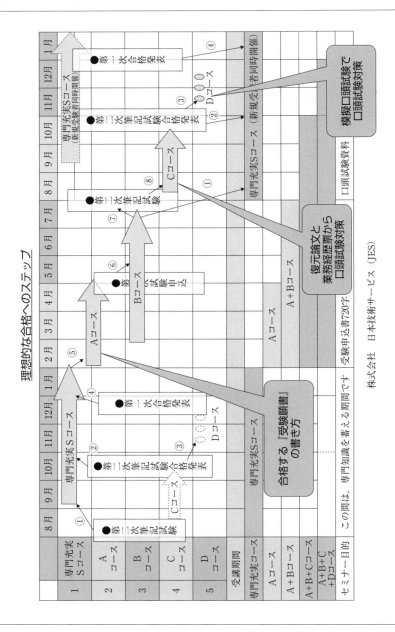

理想的な合格へのステップ

第2章
技術士論文作成の基本事項

　本章では、技術士解答論文の作成時の基本的な事項について説明します。具体的には、技術士論文とは、設問に忠実に答える、論文作成のプロセス、論点の絞り込み、主題と結論の一致と思考プロセスの内容、顧客満足論文の原則、見栄えの良い論文、解答論文にふさわしい考え方等について述べていますので確認下さい。

1 技術士論文とは

1 技術士の定義

技術士の定義（技術士法第二条）を理解しましょう。

<u>（定義）第二条　この法律において「技術士」とは、第三十二条第一項の登録を受け、技術士の名称を用いて、科学技術（人文科学のみに係るものを除く。以下同じ。）に関する高等の専門的応用能力を必要とする事項についての計画、研究、設計、分析、試験、評価又はこれらに関する指導の業務（他の法律においてその業務を行うことが制限されている業務を除く。）を行う者をいう。</u>
2　この法律において「技術士補」とは、技術士となるのに必要な技能を修習するため、第三十二条第二項の登録を受け、技術士補の名称を用いて、前項に規定する業務について技術士を補助する者をいう。

　この技術士の定義から、考え方のポイントを確認しておきましょう。高等の専門的応用能力をどのように解釈すればよいのでしょうか。業務上の課題を抽出し、自らの創意工夫によって解決する能力ととらえればよいと思います。
　技術士の論文は、技術士法第二条に見合った内容の論文であることです。その内容とは、高等の専門的な応用能力を示し、試験官を納得させる論文です。
　筆記試験時の対応で述べるなら、与えられた問題のキーワードに対して、その技術内容を示し、課題や問題点をあげ、解決策や効果、評価と将来展望が示されたものです。要は設問に忠実に答えなくてはなりません。
　解答論文は、設問のキーワードと関連するキーワードで、試験官に「なるほど」と言わせる内容を、正しく伝える論文を書かなくてはなりません。

2 技術士第二次試験の内容

　技術士第二次試験を大別すると、筆記試験と口頭試験に分けることができます。筆記試験では、Ⅰ必須科目、Ⅱ選択科目とⅢ選択科目に分けることができます。

　令和元年（2019年）度から試験制度が大きく改定されました。改定内容は、Ⅰ必須科目はこれまでは、択一問題でしたが記述式に変わります。設問の種類は、「技術部門」全般にわたる専門知識、応用能力、問題解決能力及び課題遂行能力が問われます。Ⅱ選択科目では、変更はなく、「選択科目」に関する専門知識及び応用能力が問われます。Ⅲ選択科目は変更され、「選択科目」に関する問題解決能力及び課題遂行能力の論文の記述試験です。本書は筆記試験で論文解答を対象としています。

試験科目	改正後（令和元年度～）			
	問題の種類	試験方法	試験時間	配点
必須科目	「技術部門」全般にわたる<u>専門知識、応用能力、問題解決能力及び課題遂行能力</u>	<u>記述式600字詰用紙3枚以内</u>	2時間	<u>40点</u>
選択科目	「選択科目」に関する専門知識及び応用能力	記述式600字詰用紙3枚以内	3時間30分	<u>60点</u> <u>（30点）</u>
	「選択科目」に関する<u>問題解決能力及び課題遂行能力</u>	記述式600字詰用紙3枚以内		<u>（30点）</u>

出典：公益社団法人日本技術士会資料「令和元年度試験制度概要」
　　　アンダーライン部が令和元年度より変更の箇所です。

口頭試験での試問項目と配点が具体的に示されましたので以下に示します。
（技術部門　総合技術監理部門を除く）

> 試問事項別の配点は次のとおりとする。
> Ⅰ　技術士としての実務能力
> 　1．コミュニケーション、リーダーシップ　　30点満点
> 　2．評価、マネジメント　　　　　　　　　　30点満点
> Ⅱ　技術士としての適格性
> 　3．技術者倫理　　　　　　　　　　　　　　20点満点
> 　4．継続研さん　　　　　　　　　　　　　　20点満点

（総合技術監理部門）

> 試問事項別の配点は次のとおりとする。
> Ⅰ（必須科目に対応）
> Ⅰ　総合技術監理部門の必須科目に関する技術士として必要な専門
> 　知識及び応用能力
> 　1．体系的専門知識　　　　　　　　　　　　40点満点
> 　2．経歴及び応用能力　　　　　　　　　　　60点満点
> Ⅱ（選択科目に対応）
> Ⅰ　技術士としての実務能力
> 　1．コミュニケーション、リーダーシップ　　30点満点
> 　2．評価、マネジメント　　　　　　　　　　30点満点
> Ⅱ　技術士としての適格性
> 　3．技術者倫理　　　　　　　　　　　　　　20点満点
> 　4．継続研さん　　　　　　　　　　　　　　20点満点

　ここでのポイントは、口頭試験は実務能力とコンピテンシー項目が重要になり、十分な準備が必要となります。

令和4年1月17日

文部科学省

令和4（2022）年度技術士試験合否決定基準

令和4（2022）年度技術士試験の合否決定基準は、次のとおりとする。

第二次試験

1．筆記試験

技術部門	試験科目	問題の種類等	合否決定基準
総合技術監理部門を除く技術部門	必須科目	「技術部門」全般にわたる専門知識、応用能力、問題解決能力及び課題遂行能力に関するもの	60％以上の得点
	選択科目	「選択科目」についての専門知識及び応用能力に関するもの	60％以上の得点
		「選択科目」についての問題解決能力及び課題遂行能力に関するもの	
総合技術監理部門	必須科目	「総合技術監理部門」に関する課題解決能力及び応用能力（択一式）	60％以上の得点
		「総合技術監理部門」に関する課題解決能力及び応用能力（記述式）	
	選択科目	「技術部門」全般にわたる専門知識、応用能力、問題解決能力及び課題遂行能力に関するもの	60％以上の得点
		「選択科目」についての専門知識及び応用能力に関するもの	60％以上の得点
		「選択科目」についての問題解決能力及び課題遂行能力に関するもの	

　ここでのポイントは必須科目は60％、選択科目はⅡとⅢで合わせて60％であり、必須科目は配点ウエイトが高いことが挙げられます。

　令和元年度の制度改正により筆記試験と口頭試験に評価項目が追加され、具体的に各試験の資質能力（コンピテンシー）のどの項目について評価するかが明確になりました。

試験科目別確認項目

	技術士に求められる資質能力	必須科目Ⅰ	選択科目Ⅱ－1	選択科目Ⅱ－2	選択科目Ⅲ	口頭試験
専門的学識	技術士が専門とする技術分野（技術部門）の業務に必要な、技術部門全般にわたる専門知識及び選択科目に関する専門知識を理解し応用すること。	○（基本知識理解）	—	○（業務知識理解）	○（基本知識理解）	—
	技術士の業務に必要な、我が国固有の法令等の制度及び社会・自然条件等に関する専門知識を理解し応用すること。	—	○（基本理解レベル）	○（業務理解レベル）	—	—
問題解決	業務遂行上直面する複合的な問題に対して、これらの内容を明確にし、これらの背景に潜在する問題発生要因や制約要因を抽出し分析すること。	○（課題抽出）	—	—	○（課題抽出）	—
	複合的な問題に関して、相反する要求事項（必要性、機能性、技術的実現性、安全性、経済性等）、それらによって及ぼされる影響の重要度を考慮した上、複数の選択肢を提起し、これらを踏まえた解決策を合理的に提案し、又は改善すること。	○（方策提起）	—	—	○（方策提起）	—
評価	業務遂行上の各段階における結果、最終的に得られる成果やその波及効果を評価し、次段階や別の業務の改善に資すること。	○（新たなリスク）	—	—	○（新たなリスク）	○
技術者倫理	業務遂行にあたり、公衆の安全、健康及び福利を最優先に考慮した上で、社会、文化及び環境に対する影響を予見し、地球環境の保全等、次世代に渡る社会の持続性の確保に努め、技術士としての使命、社会的地位及び職責を自覚し、倫理的に行動すること。	○（社会的認識）	—	—	—	○
	業務履行上、関係法令等の制度が求めている事項を遵守すること。	—	—	—	—	—
	業務履行上行う決定に際して、自らの業務及び責任の範囲を明確にし、これらの責任を負うこと。	—	—	—	—	—

本資料は、文部科学省、科学技術・学術審議会　技術士分科会　28回試験部会参考資料よりこの各試験（必須　選択）の確認項目は筆記試験や口頭試験時に資質能力（コンピテンシー）の何について答えれば良いかを示しています。答えるかを頭に入れておく必要があります。

技術士に求められる資質能力	筆記試験				口頭試験
	必須科目Ⅰ	選択科目Ⅱ－1	選択科目Ⅱ－2	選択科目Ⅲ	
マネジメント 業務の計画・実行・検証・是正（変更）等の過程において、品質、コスト、納期及び生産性とリスク対応に関する要求事項、又は成果物（製品、システム、施設、プロジェクト、サービス等）に係る要求事項の特性（必要性、機能性、技術的実現性、安全性、経済性等）を満たすことを目的として、人員・設備・金銭・情報等の資源を配分すること。	—	—	○ （業務遂行手順）	—	○
コミュニケーション ・業務履行上、口頭や文書等の方法を通じて、雇用者、上司や同僚、クライアントやユーザー等多様な関係者との間で、明確かつ効果的な意思疎通を行うこと。 ・海外における業務に携わる際は、一定の語学力による業務上必要な意思疎通に加え、現地の社会的文化的多様性を理解し関係者との間で可能な限り協調すること。	○ （的確表現）	○ （的確表現）	○ （的確表現）	○ （的確表現）	○
リーダーシップ ・業務遂行にあたり、明確なデザインと現場感覚を持ち、多様な関係者の利害等を調整し取りまとめることに努めること。 ・海外における業務に携わる際は、多様な価値観や能力を有する現地関係者とともに、プロジェクト等の事業や業務の遂行に努めること。	—	—	○ （関係者調整）	—	○
継続研さん 今後、業務履行上必要な知見を深め、技術を修得し資質向上を図るように、十分な継続研さん（CPD）を行うこと。	—	—	—	—	○

3　令和3年度技術士第二次試験に関する出題内容等について

総合技術監理部門を除く技術部門

(1)　Ⅰ　必須科目

「技術部門」全般にわたる専門知識、応用能力、問題解決能力および課題遂行能力に関するもの

概　念	専門知識 専門の技術分野の業務に必要で幅広く適用される原理等に関わる汎用的な専門知識。
	応用能力 これまでに習得した知識や経験に基づき、与えられた条件に合わせて、問題や課題を正しく認識し、必要な分析を行い、業務遂行手順や業務上留意すべき点、工夫を要する点などについて説明できる能力。
	問題解決能力及び課題遂行能力 社会的なニーズや技術の進歩に伴い、社会や技術における様々な状況から、複合的な問題や課題を把握し、社会的利益や技術的優位性などの多様な視点からの調査・分析を経て、問題解決のための課題とその遂行について論理的かつ合理的に説明できる能力。
出題内容	現代社会が抱えている様々な問題について、「技術部門」全般に関わる基礎的なエンジニアリング問題としての観点から、多面的に課題を抽出して、その解決方法を提示し遂行していくための提案を問う。
評価項目	技術士に求められる資質能力(コンピテンシー)のうち、専門的学識、問題解決、評価、技術者倫理、コミュニケーションの各項目。

出典：公益社団法人日本技術士会資料「令和4年度試験制度概要」

(2)　Ⅱ選択科目

「選択科目」についての専門知識に関するもの

概　念	「選択科目」における専門の技術分野の業務に必要で幅広く適用される原理などに関わる汎用的な専門知識。
出題内容	「選択科目」における重要なキーワードや新技術などに対する専門的知識を問う。
評価項目	技術士に求められる資質能力（コンピテンシー）のうち、専門的学識、コミュニケーションの各項目。

出典：公益社団法人日本技術士会資料「令和4年度試験制度概要」

「選択科目」についての応用能力に関するもの

概　念	これまでに習得した知識や経験に基づき、与えられた条件に合わせて、問題や課題を正しく認識し、必要な分析を行い、業務遂行手順や業務上留意すべき点、工夫を要する点等について説明できる能力。
出題内容	「選択科目」に関係する業務に関し、与えられた条件に合わせて、専門知識や実務経験に基づいて業務遂行手順が説明でき、業務上で留意すべき点や工夫を要する点などについての認識があるかどうかを問う。
評価項目	技術士に求められる資質能力（コンピテンシー）のうち、専門的学識、マネジメント、コミュニケーション、リーダーシップの各項目。

出典：公益社団法人日本技術士会資料「令和4年度試験制度概要」

(3) Ⅲ 選択科目

「選択科目」についての問題解決能力および課題遂行能力に関するもの

概　念	社会的なニーズや技術の進歩に伴い、社会や技術における様々な状況から、複合的な問題や課題を把握し、社会的利益や技術的優位性などの多様な視点からの調査・分析を経て、問題解決のための課題とその遂行について論理的かつ合理的に説明できる能力。
出題内容	社会的なニーズや技術の進歩に伴う様々な状況において生じているエンジニアリング問題を対象として、「選択科目」に関わる観点から課題の抽出を行い、多様な視点からの分析によって問題解決のための手法を提示して、その遂行方策について提示できるかを問う。
評価項目	技術士に求められる資質能力（コンピテンシー）のうち、専門的学識、問題解決、評価、コミュニケーションの各項目。

出典：公益社団法人日本技術士会資料「令和4年度試験制度概要」

　出題者は上記の出題内容に沿った形で、試験問題を作成しています。

　2019年度からは、さらに評価項目が追加され、解答の中にコンピテンシーの各項目が記述されていることが重要となります。

(4) Ⅰ必須科目の出題内容

　Ⅰ必須科目は2019年度より択一式から記述式に変更となりました。

　Ⅰ必須科目は、「技術部門」全般にわたる専門知識、応用能力、問題解決能力及び課題遂行能力に関する問題となります。出題内容は、現代社会が抱えている様々な問題について、「技術部門」全般に関わる基礎的なエンジニアリング問題としての観点から、多面的に課題を抽出して、その解決方法を提示し遂行していくための提案を問う問題です。

(5) Ⅱ選択科目の出題内容

　Ⅱ選択科目1の出題内容は、「選択科目」における重要なキーワードや 新技術等に対する専門的知識を問う問題です。Ⅱ選択科目2の出題内容は、「選択

科目」に関係する業務に関し、与えられた条件に合わせて、専門知識や実務経験に基づいて業務遂行手順が説明でき、業務上で留意すべき点や工夫を要する点等についての認識があるかどうかを問う問題です。

(6)　Ⅲ選択科目の出題内容

　Ⅲ選択科目の出題内容は、社会的なニーズや技術の進歩に伴う様々な状況において生じているエンジニアリング問題を対象として、「選択科目」に関わる観点から課題の抽出を行い、多様な視点からの分析によって問題解決のための手法を提示して、その遂行方策について提示できるかを問う問題です。

　それではどのような準備をしたらよいのか、確認してみましょう。
　「Ⅰ必須科目」は、全般にわたる専門知識、応用能力、問題解決能力および課題遂行能力を問われる問題です。「Ⅱ選択科目」の問題は専門知識および応用能力を問われる問題です。記載されている試験内容で注意しなくてはならない言葉があります。この言葉に対して事前に対策を立てておく必要があります。

(7)　業務遂行手順

　1)　遂行手順は業務によって相違することから、統一的な答えを示すことができません。しかし、自分の業務を振り返り、どのようなステップで進めているか、仕事の進め方を整理し理解しておくことで、解答できるように準備ができます。

　2)　自社の品質管理のガイドや業務ガイドに業務ステップとして遂行手順が示されている場合がありますので確認し、解答の準備をすることができます。

　3)　万一遂行手順が示せない場合は、箇条書きで以下のように記述することもできます。
　　　事例Ⅰ　手順1
　　　　　　　手順2
　　　　　　　手順3
　　　事例Ⅱ　現状把握

　　　　目標設定
　　　　問題抽出
　　　　対策立案
　4）一般的な問題解決のステップについては以下の様になります。
　　（1）問題発見→（2）問題分析→（3）問題設定→（4）対策立案→
　　（5）計画書作成→（6）対策実施→（7）結果評価
　このような例を参考に業務遂行手順のステップを記述してください。

(8) 留意する点・工夫を要する点
　1）問題の設問で与えられた条件が何か、それは何が目的か、どのようにすべきかを留意・工夫を要する点と考えて答えます。
　2）留意点を考える場合の方法として、1）結果を左右する事柄か、2）他に影響を与えないか、3）進め方に無理がないか、4）結論で気をつける点を記述します。
　3）一般的な留意点や工夫点の項目としては、環境・工法・設置・設置場所・性能・小型化・冗長化・保護・容量・操作性・保守性などが挙げられます。
　結論や解決策を決める際に、特に気をつけなければならないことが留意点であり、その結論を独自の考えに基づいて、より良い方向に導くための考え方が工夫点と捉えればよいです。留意点や工夫点を記述する場合は、何が目的で、何をどうすればよいか具体的に書けばよいと思います。

　「Ⅲ選択科目」の設問は問題解決能力および課題遂行能力を問われます。対策は以下の2つになります。

1．多面的な観点からの課題を指示されたら、どのように考え、どのような方法で行うのか述べます。多面的な観点からの課題の抽出法としては以下の方法があります。
　また、大切なことは観点を抽出した考え方や捉え方を述べることを忘れないでください。

1) ツールとしては：展開図法やマインドマップ、特性要因図、など網羅的な視点で問題キーワードに対して述べてください。

2) 関係省庁（法律・ガイドライン・基本計画・白書等）の考え方を理解して述べる。

3) 一般的な論点の絞込み例としては、「人・物・.金・情報」、「品質（Quality）・コスト（Coat）・納期（Delivery）」＋安全（Safety）・環境（Environment）、「4M：人（Man）・機械（Machine）・材料（Material）・方法（Method）」、「ソフト・バード」などや「安全・品質・経済」、「技術・コスト・環境」を問題に合わせ解答することもできます。

4) 一般的な視点としては、倫理的・法的・経済的・教育的・社会的・環境的、この他に具体的には安全・災害・防災・高性能化・最適化・効率化・軽量化・小型化などで述べることもできます。

5) 多面多岐な観点からの視点から課題や解決策を抽出し、説明に漏れがないように論理を示さなくてはなりません。その方法の一つとして、ミッシーという概念があります。ミッシー（MECE：Mutually Exclusive Collectively Exhaustive）とは、「モレやダブリがない状態」を表しています。文書作成時はミッシーにすることを常に意識し、最低でも3つの論拠（「メリット・デメリット」、「プラス・マイナス」、「表・裏」）から「ほぼミッシー」にすることで疑問をはさむスキのない文章を心がけてください。

2. エンジニアリング問題を対象とした「選択科目」の課題の抽出と、問題解決のための手法を提示して、その遂行方策について提示が求められます。

エンジニアリング問題とはどのような問題でしょうか。一般に考えるならプロジェクトマネジメントによる問題・課題解決だと考えます。したがって、コンピテンシーとの関係が深まります。多様な視点から分析した課題に対し、問題解決のための手法を提示して、その遂行方策について提示が求められます。

(9) プロジェクトマネジメントの手法を用いて

1. 解決策の記述

1) 解決策の妥当性、実現性を試験官が判断します。したがって、試験官に「なるほど」と思わせる解決策とします。解決策が一般的と思われるよう

な内容では良い評価はされません。

2) 解決策は具体的な内容を記述します。既存の見識や知見、現物の数値を表します。試験官に解決策が妥当性、実現性があることを記述します。論文の中に図表や数値で示せれば理解される情報のひとつとなります。

3) 自分の業務内容や会社の実例を基に解答することで、現実的な解決策のひとつを示すことが可能になります。

4) 関係省庁の法律やガイドライン、計画、白書などにある指針や方針は実現性の高い解決策を示しています。これらを参考にして記述してください。

2. 試験制度の変更により、必須科目や選択科目でもコンピテンシー（資質能力を確認する問題が出題されます。コンピテンシー（資質能力）は、技術士が国際的に通用する資格となるように、筆記試験や口頭試験の中で確認されます。したがって、それぞれの解答論文には以下の内容が必要となります。

Ⅰ必須科目では、解答内容に専門的学識、問題解決、評価、技術者倫理、コミュニケーションの各項目を取り入れます。

Ⅱ選択科目1では、解答内容に専門的学識、コミュニケーションの各項目を取り入れます。

Ⅱ選択科目2では、解答内容に専門的学識、マネジメント、コミュニケーション、リーダーシップの各項目を取り入れます。

Ⅲ選択科目では、解答内容に専門的学識、問題解決、評価、コミュニケーションの各項目を取り入れます。

ポイント

解答論文に、コンピテンシー能力が述べられた論文は「合格レベル」です。

（10）技術士に求められる資質能力（コンピテンシー）

公益社団法人　日本技術士会資料「令和4年度試験制度概要」引用

専門的学識

・技術士が専門とする技術分野（技術部門）の業務に必要な、技術部門全般にわたる専門知識および選択科目に関する専門知識を理解し応用すること。

・技術士の業務に必要な、わが国固有の法令などの制度および社会・自然条件などに関する専門知識を理解し応用すること。

問題解決

・業務遂行上直面する複合的な問題に対して、これらの内容を明確にし、調査し、これらの背景に潜在する問題発生要因や制約要因を抽出し分析すること。

・複合的な問題に関して、相反する要求事項（必要性、機能性、技術的実現性、安全性、経済性など）、それらによって及ぼされる影響の重要度を考慮したうえで、複数の選択肢を提起し、これらを踏まえた解決策を合理的に提案し、または改善すること。

マネジメント

・業務の計画・実行・検証・是正（変更）などの過程において、品質、コスト、納期および生産性とリスク対応に関する要求事項、または成果物（製品、システム、施設、プロジェクト、サービスなど）に係る要求事項の特性（必要性、機能性、技術的実現性、安全性、経済性など）を満たすことを目的として、人員・設備・金銭・情報等の資源を配分すること。

評価

・業務遂行上の各段階における結果、最終的に得られる成果やその波及効果を評価し、次段階や別の業務の改善に資すること。

コミュニケーション

・業務履行上、口頭や文書などの方法を通じて、雇用者、上司や同僚、クライアントやユーザーなど、多様な関係者との間で、明確かつ効果的な意思疎通を行うこと。

・海外における業務に携わる際は、一定の語学力による業務上必要な意思疎通に加え、現地の社会的文化的多様性を理解し関係者との間で可能な限り協調すること。

リーダーシップ
・業務遂行にあたり、明確なデザインと現場感覚を持ち、多様な関係者の利害等を調整し取りまとめることに努めること。
・海外における業務に携わる際は、多様な価値観や能力を有する現地関係者とともに、プロジェクトなどの事業や業務の遂行に努めること。

技術者倫理
・業務遂行にあたり、公衆の安全、健康及び福利を最優先に考慮したうえで、社会、文化および環境に対する影響を予見し、地球環境の保全など、次世代にわたる社会の持続性の確保に努め、技術士としての使命、社会的地位および職責を自覚し、倫理的に行動すること。
・業務履行上、関係法令などの制度が求めている事項を遵守すること。
・業務履行上行う決定に際して、自らの業務および責任の範囲を明確にし、これらの責任を負うこと。

継続研さん
・業務履行上必要な知見を深め、技術を修得し資質向上を図るように、十分な継続研さん（CPD）を行うこと。

2　技術士論文は設問に忠実に答える

1　設問に忠実に答える

　技術士第二次試験のⅠ必須科目・Ⅱ選択科目およびⅢ選択科目での問題を3回以上熟読します。1度目は、何が問われているかを把握し、2度目にはキーワードは何か、何を答えるのか、そして、設問に記述されている詳細な条件を把握します。そして論文書き方の指示は説明か、考えを述べるのかを抽出します。記述方針が決定してから初めて書き始めることができるのです。

　要は「設問に忠実に答える」ことができないと、良い評価は得られません。簡単そうに見えて書けない人が多いのも事実です。

　技術士論文を書くときの注意項目は、結論が想定される言葉を早い段階で示し、その後に結論とその理由を示します。解答論文の章や節の見出しは、問題文の言葉を用い、本文も見出しと同じ文を用いるとよいでしょう。なぜなら読み手の理解が早まるからです。

2　問題に忠実な答案を作成する手順

　一般的な文章構成は、起・承・転・結の四段構成ですが、技術士論文は技術論文であり、通常三段構成の序論・本論・結論が用いられます。したがって技術士第二次試験の解答論文は「起承」「転」「結」の構成とし、文字量のバランスも考慮して書くことです。起承がよくても、結がよくても、最も大切な本論である転の部分が実現可能性の有る論文がよい解答論文です。それでは、問題に忠実な解答論文を作成する手順を以下に示します。

問題の読解

問題を熟読し問題で要求している答えを正しく理解する。

問題が求めているキーワード内容、条件、指示の内容にアンダーラインを引く。

問題で指示された条件からキーワード・結論・重要事項を抽出する。

解答論文の構成検討

問題で要求されていることに対応させ、筋道を立てて解答論文の構成をつくる。

問題から重要事項について章立て、節や段落などの解答論文を構成する。

解答論文の作成

解答論文の構成に従って、問題で要求されている内容に相応しく、分かりやすい文章を作成する。問題に従った書き方で、章、節や段落で繋がりのある答案を作成する。

論文構成の事例、Ⅱ選択科目 -1 用紙 1 枚での文字配分（目安）

35％	見出し　タイトル （起・承）
45％	（転）
20％	（結）

　なお、文字配分の目安の数値はⅠ必須科目、Ⅱ選択科目、Ⅲ選択科目によって変化しますので、注意して下さい。（詳細は p.69〜70 参照）

　見出しは、読み手が知りたい大切なキーワードであり、ヘッドラインです。テレビや新聞は、ヘッドラインに結論を挙げています。

　同様に見出しや小見出しで読み手を引き付ければ、後に続けて「いつ」「どこで」「誰が」「何を」したのかが盛り込まれ、文章の内容を説明します。このパターンで解答論文を作成してください。

3　試験官に分かりやすく記述する

　解答論文は、問題で求められている解答を、試験官に分かりやすく記述することが重要となります。分かりやすい文とは、結論を先に述べ、その後にその理由や、結論の正しさを補完する思考のプロセスを論理的に説明する文章です。

　技術士第二次試験の解答論文の結論は、試験官が「知りたいこと」であり、受験者の「伝えたいこと」でもあり、論文の答えが明確になります。この部分が最も大切ですから、なぜ必要か、どうして必要か、なぜなのかを思考プロセスとして試験官に伝えましょう。

　結論は、読み手の欲しい答えが書き込まれていなくてはなりません。ここで読み手である試験官の心を掴み、次の展開でさらに読みたくなるような文章にします。そのためにも、技術士を目指す人は、自らが技術士になりきり、技術の内容で堂々と技術の本質を述べられるように準備をしてください。

　ポイント
　問題文の設問に忠実に答えている論文は「合格レベル」です。

4　問題文からの解答事例

　設問に忠実に答えるためには、問題文を用いた章立てが必要です。

　事例として、令和3年度の建設・機械・電気電子の3部門の問題で具体的に見てみましょう。ここではⅡ選択科目問題を忠実に答える章立てです。なお、Ⅲ選択科目については p.251 以降を参照ください。

（1）建設部門・道路（令和3年度）Ⅱ選択科目－1の問題

　次の問題はⅡ選択科目―1の問題ですので、解答用紙1枚で解答します。

　Ⅱ－1－4　土工工事において施工プロセスの各段階でICTを全面的に活用する工事をICT土工というが、ICT土工の効果を2つ説明せよ。またICT土工における出来形管理の手法を具体的に2つ挙げ、それぞれ概要を説明せよ。

　Ⅱ－1－4章立ては以下となります。

---

1. ICT土工の効果（2つ）
　1）効果は、・・・である。あるいは、・・・という効果がある。
　2）同上
2. 出来形管理の手法（2つ）
　1）〇〇方法は、・・・というやり方で行う。
　2）△△方法は、・・・というやり方で行う。

　問題文に即した小見出しで書くこと、問われていることを的確に書くことをお勧めします。なお、問題文によりさらに小見出しを入れてもよいのですが、筆記スペースがなくなるので1枚解答はこの程度が良いと判断します。

　この問題で問われている土木工事の「ICT土工」と「出来形管理」という用語そのものについて理解して解答することがポイントです。施工管理には、工程管理、出来形管理、品質管理があり、そのうちの出来形管理とは、施工で出きたもの（出来形）を管理基準に定める測定項目及び測定基準により実測して、設計値と実測値を対比して記録した管理図表を作成し管理するものです。なお、「概要」とは、全体の要点をとりまとめたものですから、手法の要点としてメリット・デメリットや管理基準などを書いてもよいです。

（2）建設部門・道路（令和３年度）Ⅱ選択科目－２の問題

次の問題はⅡ選択科目－２の問題ですので、解答用紙２枚で解答します。

Ⅱ－2－2　我が国の社会や経済を支える高速道路は長期的に健全な状態で機能させることが重要であり、そのためには大規模更新・大規模修繕の実施が必要となる場合があるが、それらの実施に当たっては様々な留意事項がある。都市間を結ぶ高速道路における橋梁で、鉄筋コンクリート床版の取替え工事の計画を立案し実施する担当責任者として、下記の内容について記述せよ。

（1）調査、検討すべき事順とその内容について説明せよ。

（2）留意すべき点、工夫を要する点を含めて業務を進める手順について述べよ。

（3）業務を効率的、効果的に進めるための関係者との調整方策について述べよ。

Ⅱ－2－2の章立ては以下となります。

1.　高速道路の橋梁、鉄筋コンクリート床板取替え工事

（記述内容）　大規模更新・大規模修繕を前提とした調査事項と検討事項について簡潔に記述します。

2.　留意点、工夫点を含めた業務手順

（記述内容）　取替え工事の計画を立案し実施する担当責任者として行う業務であることがわかるように手順を明示して解答します。なお、各手順の項目を行ううえでの留意点（注意すること）や工夫点（改善点を含む）を具体的に解答することがポイントです。

3.　関係者との調整方策

（記述内容）　問題文を読んで、最初に「関係者」を明らかにすることが、後の記述内容が明確になり、よいと思います。各々の関係者（だれ）と、いつ、どのようにして、調整を行うのかを具体的に解答することがポイントです。

（3）機械部門・機械設計（令和３年度）Ⅱ選択科目－１の問題

次の問題はⅡ選択科目－１の問題ですので、解答用紙１枚で解答します。

Ⅱ－１－１　非破壊試験の方法を２つ挙げ、それぞれの原理、特徴及び主に適用可能な対象について述べよ。

Ⅱ－１－２　回転する軸を支える機械要素として、すべり軸受の特徴と使用上の留意点を、転がり軸受と対比して説明せよ。

Ⅱ－１－３　以下に示す金属表面処理の中から２つを選び、その原理と特徴についてそれぞれ述べ、製品例を示せ。

電気めっき、化学めっき、真空めっき、溶射、陽極酸化被膜

Ⅱ－１－４　以下に示す熱可塑性プラスチックの中から３つを選び、その特徴と用途例についてそれぞれ述べよ。

ABS樹脂（ABS）、ポリアミド（PA）、ポリカーボネート（PC）、ポリエチレン（PE）、ポリエチレンテレフタレート（PET）、メタクリル樹脂（PMMA）、ポリプロピレン（PP）、ポリ塩化ビニル（PVC）

Ⅱ－１－１章立ては以下となります。

---

1. 非破壊試験の方法について

非破壊試験は○○であり、放射線透過検査と超音波探傷検査がある。

2. 各検査の原理・特徴と主な検査対象物

2－1　放射線透過検査の原理・特徴と検査対象

（記述内容）　放射線透過検査の原理と特徴と検査適用物

2－2　超音波探傷検査の原理・特徴と検査対象

（記述内容）　超音波探傷検査の原理と特徴と検査適用物

（4）機械部門・機械設計（令和３年度）Ⅱ選択科目－２の問題

次の問題はⅡ選択科目－２の問題ですので、解答用紙２枚で解答します。

Ⅱ－２－２　一般に機械製品には稼働中に温度の上昇する部位があり、冷却や熱変形を考慮した熱・温度設計を行うことが必要となる。あなたは製品開発のリーダーとして、熱・温度変化を考慮しつつ要求された機能を満たす製品の設計をまとめることになった。業務を進めるに当たって、下記の問いに答えよ。

（1）開発する機械製品を具体的に１つ示し、熱・温度設計を行う際に、調査、検討すべき事項を３つ挙げその内容について説明せよ。

（2）上記調査、検討すべき事項の１つについて、留意すべき点、工夫を要する点を含めて業務を進める手順を述べよ。

（3）機械製品の設計担当者として、業務を効率的、効果的に進めるための関係者との調整方策について述べよ。

Ⅱ－２－２章立ては以下となります。

---

(1) 開発機械製品を特定し、熱・温度設計時の調査、検討事項３つとその内容

　1）（記述内容）調査、検討事項１つ目とその内容

　2）（記述内容）調査、検討事項２つ目とその内容

　3）（記述内容）調査、検討事項３つ目とその内容

(2) 調査検討内容からの業務手順と留意点と工夫点

　調査検討項目のうちの一つを挙げた理由を述べる

　1）業務手順１の内容とその時の留意点と工夫点の内容

　2）業務手順２の内容とその時の留意点と工夫点の内容

　3）業務手順３の内容とその時の留意点と工夫点の内容

(3) 業務を効率的、効果的に進める為の関係者と調整方法

　1）効率的に進める為の関係者との調整方策の内容

　2）効果的に進める為の関係者との調整方策の内容

（5）電気電子部門・電気設備（令和3年度）Ⅱ選択科目−1の問題

次の問題はⅡ選択科目−1の問題ですので、解答用紙1枚で解答します。

Ⅱ−1−1　高圧又は特別高圧で受電する需要家は、電力系統に流出する高調波電流を限度値以下に制限する必要がある。需要家内での高調波電流発生原因と配電系統の電圧波形がひずむ理由を高調波発生源として代表的な汎用インバータを例にとり説明せよ。また、高調波電流が限度値を超過する場合の高調波抑制対策を2つ挙げ、それぞれの内容を述べよ。

Ⅱ−1−2　非常電源・予備電源の直流電源装置に用いられる代表的な蓄電池及び停電に備え満充電を維持する充電方式の概要についてそれぞれ2種類述べよ。

Ⅱ−1−3　屋外監視カメラに使用する主な撮像素子について述べよ。また、撮像素子以外の監視システムを構成する技術について2つ挙げ、その特徴を述べよ。

Ⅱ−1−4　一般的な工場内の低圧 CVT ケーブル幹線サイズ選定の手順を説明したうえで、環境配慮導体サイズ設計（ECSO）の考え方を述べよ。

Ⅱ−1−1章立ては以下となります。

---

1. 需要家内の電圧波形がひずむ理由の説明
   （記述内容）　インバータによる電圧波形ひずみの発生理由
2. 高調波電流が限度値超過時の高調波抑制対策2つの内容
   1）進相コンデンサと直列リアクトルの電源回路に挿入
      （記述内容）　電源回路に進相コンデンサとインバータ回路に直列リアクトルを挿入する。
   2）交流リアクトル挿入
      （記述内容）　インバータ負荷の電源回路に三相の交流リアクトルを挿入する。

（6）電気電子部門・電気設備（令和3年度）Ⅱ選択科目-2の問題

次の問題はⅡ選択科目-2の問題ですので、解答用紙2枚で解答します。

Ⅱ-2-2　運転開始当初に比べて、水道需要が半減している既設浄水場において、商用電力から2回線で電源供給する老朽化した電気設備（A系、B系）を通常運用しながら更新するための基本設計を行うこととなった。電気設備の更新業務の担当責任者として業務を進めるに当たり、下記の内容について記述せよ。
（1）調査、検討すべき事項とその内容について説明せよ。
（2）留意すべき点、工夫を要する点を含めて業務を進める手順について述べよ。
（3）業務を効率的、効果的に進めるための関係者との調整方策について述べよ。

Ⅱ-2-2章立ては以下となります。

（1）電源設備更新に伴う調査、検討項目
　1）調査項目
　2）検討項目
（2）業務を進める手順とその時の留意点と工夫点
　1）A手順と留意点と工夫点
　2）B手順と留意点と工夫点
　3）C手順と留意点と工夫点
（3）効率的、効果的な関係者との調整方策
　1）効率的な関係者との調整方策　目的を明示し、いつ・誰と・何を・どの様に
　2）効果的な関係者との調整方策　目的を明示し、いつ・誰と・何を・どの様に

　技術士解答論文は、最後の1行まで文字で埋めなくてはなりません。最後の1行まで書く材料が見当たらない場合の対策も準備しなくてはなりません。

5　論文の文字数が足りないときの対応

　事実や数値を入れると、分かりやすく、しかも文字数も増やすことができます。

[事例がない場合]　➡　[事例がある場合]

　世界における左利きの割合は9人に1人。女性よりも男性に左利きが多いそうです。さて、この左利き、性格も個性的な人が多いとも言われています。

　世界における左利きの割合は9人に1人。女性よりも男性に左利きが多いそうです。さて、この左利き、性格も変わっている人が多いとも言われています。
「例えば」
　一般的な左利きの人の特徴として、計算が得意な人が多いことや、直観的に物事を考える、芸術肌が多く絵が上手である、明るい性格だが友達は少ない、感情的で気が短い、右手の人を敵視しているなどと言われていますが、正確な統計がないのでこれらも感覚的なことかもしれません。

　文字数を増やしたいときは、上記のように「例えば」や「この他に」と追加し内容を示すことで文字数を増やすことができます。

［数値がない場合］　　➡　　　［数値がある場合］

［数値がない場合］	［数値がある場合］
私はスポーツジムに行って体を動かしています。とても健康にいいです。皆さんも体を動かしてみませんか。	私は半年前から、週に2回健康のために近くにできたスポーツジムに行っています。最近のジムは24時間営業ですので空いた時間に1時間程度体を動かします。 　体重も2kg減り、血圧や血糖値が下がり、正常な範囲に戻りました。 　皆さんもスポーツジムで体を動かしませんか。体は軽く感じ、とても健康にいいですよ。

文字数を増やすコツは、この他にも以下のような方法があります。

［追加・入れ替え・見直し］	［分析・解説・変更］
［事実を追加］ 物の見方の事実を加える。 事実と例えでの話を加える。 新発見の事実の出来事を加える。	［要素を分析］ 部門別に売上と経費を分析する。 地域別に発生数を分析する。 製品価格を経費と材料で分析する。
［話題を入れ替え］ 開発・改良の話題を入れ替える。 情報化の話題に入れ替える。 顧客購買動向を話題と入れ替える。	［条件設定を解説］ 開発条件に分けて解説する。 地域・環境の場面を分けて解説する。 曜日別に分けて解説する。
［データを見直す］ 人口統計データを見直す。 地域別データを分析して見直す。 顧客の年代別データを見直す。	［視点を変更］ 会社と顧客の視点を変える。 正面と裏側からの視点を変える。 月別・曜日別の視点を変える。

3　解答論文作成のプロセス

　Ⅲ選択科目の問題について、解答論文作成のプロセスを整理します。600文字原稿用紙3枚を1枚当たり20分間で作成します。

1　試験会場でのプロセス

スタート 1.　解答用紙に受験者番号・問題番号・受験科目などを記入する。

2.　問題を読み込む。キーワードと答えを考える。

3.問われているのは何か　結論を決める。

4.論文の構成を決める。用紙にレイアウトと文字量を決める。

5.解答用紙に章立てを書き始める。重要点に文字量は多くする。

6.章立てごとに目標時間を設定する。復元論文の情報をメモする。

7.解答論文を書き始める。文字は丁寧に書く、数値も有効

8.解答論文を書き終える。最後の行まで書く。

9.推敲により設問に忠実に答えを書いているか。論旨内容の確認

10.所定の記載の必要項目全て記入しているか確認する。再確認

11.解答論文の内容を問題用紙の空欄にメモする。多くの情報

2　理想の解答論文プロセスを達成させる試験前の準備事項

（1）手書きの速記力

　毎日ひとつのキーワードについて資料を見ないで時間管理（ストップウォッチ）を行い、600文字解答用紙を手書きすることです。このようにして速記力を身につけるために何度も事前に訓練することが大切です。（目標20分/1枚）。

（2）問題に忠実な論文構成力

　過去問題を利用して訓練してください。問題を読んで何が問われているか、構成はどのようにするかを短時間で考えることが必要です。課題解決問題では、あなたの考えを専門的立場で述べる必要があります。結論に至った理由をメリット・デメリット、コストと効率など、多様な視点から述べる必要があります。

（3）キーワードの豊富さ知識力

　Ⅲ選択科目の問題は、社会的ニーズや技術進歩に伴うエンジニアリング問題を対象とした共通的なキーワードが出題される場合があります。例えば、地球温暖化対策、低炭素社会、持続可能な社会、循環型社会、再生可能エネルギーなどに対する自分の考え方をまとめて準備しておくことです。

（4）言いたいことが分かりやすく書ける表現力

　文章を記述する際は、何が言いたいのか自分を客観的に見て、この書き方で理解されるかなど、文章の記述内容を確認しながら文章を作成することです。

（5）読み手が読みたい文書作法力

　読み手に読ませたい文章は、冒頭に読み手が知りたい情報を掲げることです。解答論文では結論の部分です。文章は「である調」で5W3H（p.119参照）を守り、なぜこの結論かを示し、結論を説明する思考プロセスを記述した論文です。

ポイント
試験前の準備の充実により読み手が読みたい論文は「合格レベル」です。

3　解答論文作成の基本プロセス

1）問題に問われているものは何かを考える。
2）結論または問題解決策を決める。
3）なぜ、その結論なのかの理由を論理的に述べる。
4）解決提案内容の効果とリスクについて述べる。

4　問題解決能力および課題遂行能力に沿った論文構成のステップ

課題遂行能力が追加され、これまで以上に遂行能力の内容が求められます。

1）問題に対してプロジェクトの遂行思考で解決策を導き出す。
2）答えるべき問いに対する結論へのプロセス検討。
3）問いに対する各章の見出しの決定。
4）問いに対する論文構成の決定。
5）解答用紙に見出し・小見出しと字数配分を考慮して記述。

　以上をまとめると論文の記述速度と論文プロセスが守れているかが大切なことです。

> ポイント
> 読み手に気を配る内容を記述している論文は「合格レベル」です。

5　論文作成プロセスの考え方

　論文は構成で示せる文章です。したがって、一定の基本パターンがあります。以下に参考例を示しますので、この流れを理解してください。

現状・概要　⇒課題・問題提起　⇒結論　⇒根拠　⇒まとめ

　論文構成は一般に、起・承・転・結です。しかし、技術士第二次試験では問題に解答すべき内容が指示されており、その指示に従って解答する必要があります。その解答の中に必ず、考え方の条件が示されているので解答文には問題文の条件に沿った結論を書く必要があります。

（1）全体としての論文構成を考えます。
　・章・節・項を問題から抽出します。
　・見出しと小見出しによって文章の内容を明示します。
　・問題の指示された条件に合わせて箇条書きで要点を述べます。

（2）論文構成をつくり、文章の骨格や文章のつながりを確認します。
　・論理性や説得性を示す論拠が解答論文には不可欠です。
　・必ず「なぜ」と自問して、「なぜならば」の解答を記述します。
　・記述する文章を、自分に「一口で言うと」と問い、短文化します。

（3）問題に関係するキーワードを入れて論文を構成します。
　・問題からのキーワードに関係する法律、規程、計画や白書を確認します。
　・キーワードの結論とそのプロセスを考えます。
　・結論の要約は早い段階で示し、その理由を結論の根拠として述べます。
　・論文構成を膨らませ、論文はより具体的に説明します。

4　論点の絞り込みについて

　筆記試験が開始されると、まず何について答えなければならないかについて、問題を熟読し、アンダーラインなどのマーキングをしながら質問項目を明確にします。

1. 設問から答えるキーワード
2. 達成目標
3. 前提条件
4. 問題の質問項目

　これらを問題文にマーキングしましょう。

1　令和 3 年度 建設部門（道路）Ⅲ選択科目

Ⅲ－2　高速道路ネットワークの進展に伴い、社会経済活動における高速道路の役割の重要性は増しており、持続的な経済成長や国際競争力の強化を図るため、<u>高速道路をより効率的、効果的に活用していくことが重要である</u>。しかし、我が国では、限られた財源の中でネットワークを繋げることを第一に高速道路の整備を進めてきた結果、<u>開通延長の約 4 割が暫定 2 車線区間となっており、諸外国にも例を見ない状況</u>にある。

このような状況を踏まえて、以下の問いに答えよ。

 (1) 暫定 2 車線について、技術者としての立場で多面的な観点から 3 つ課題を抽出し、それぞれの観点を明記したうえで、課題の内容を示せ。

 (2) 抽出した課題のうち最も重要と考える課題を 1 つ挙げ、その課題に対する複数の解決策を示せ。

 (3) すべての解決策を実行しても新たに生じうるリスクとそれへの対策について、専門技術を踏まえた考えを示せ。

前ページの問題の場合

1. 設問から答えなくてはならないキーワードは「高速道路をより効率的、効果的に活用していくための対応」です。

2. 達成目標は、高速道路の「安全性、信頼性や使いやすさ向上」と「持続的な経済成長や国際競争力の強化」です。

3. 前提条件は、「高速道路ネットワークの進展に伴い、社会経済活動における高速道路の役割の重要性は増している」です。

4. 問題の質問項目は、「開通延長の約4割が暫定2車線区間となっており、諸外国にも例を見ない状況」であるため、この暫定2車線区間の解消すなわち計画的な4車線化の推進です。

　具体的に p.54 の問題について解答論文を考えてみましょう。

　この問題は、令和元年9月10日に国土交通省道路局から公開された「高速道路における安全・安心基本計画」を引用していますので、事前にこの内容を理解しておくことが重要となります。他の問題でも「○○計画」や「○○ガイドライン」という公開資料は試験問題として出やすい傾向がありますので、その内容を理解しておきましょう。

　この問題では、高速道路ネットワークの進展に伴い、社会経済活動における高速道路の役割の重要性は増していること、開通延長の約4割が暫定2車線区間となっており、諸外国にも例を見ない状況にあることを踏まえて、高速道路をより効率的、効果的に活用していくための対応を解答する必要があります。

　設問（1）は、その対応を考えるうえでの課題を多面的な観点から3つ挙げることが問われています。最初に、我が国の高速道路ネットワークの現状（例：全体計画 14,000km のうち、約85％にあたる約 11,900km が開通している、令和元年9月時点）を理解したうえで、高速道路の暫定2車線は、国際的にも稀な構造であるということを理解し論点を探す必要があります。問題文にもよりますが、小さな視点で物事をとらえると論点に漏れが生じて、解答論文としては良い論文（合格圏となる論文）とは言えません。

　この問題における具体的な論点の絞り込みは、高速道路の役割の重要性と暫定2車線区間の解消をどのように考えて計画的に4車線化していくのかを示す

のが思考のプロセスです。

（1）解答の絞り込み

　設問（1）の課題の抽出は、国土交通省道路局「高速道路における安全・安心基本計画」に示された項目の中から、暫定2車線区間の解消すべき課題を探します。この計画では、すでに解消すべき課題が3つ挙げられていますので、それらを解答すること模範答案となります。すなわち、課題①時間信頼性確保、課題②事故防止、課題③ネットワークの代替性確保、です。

　問題の質問項目には、意義と社会的背景についても考えをまとめて解答する必要があります。すなわち、高速道路の暫定2車線は、国際的にも稀な構造であるとともに、速度低下や対面通行の安全性、大規模災害時の通行止めリスクといった課題があり、長期間存続させることは望ましくないということです。そのため、4車線化により高速道路が本来有すべき機能を全線に渡り確保する必要がありますが、有料区間における対面通行区間は未だ全国で約1,600kmあり、これまでの施工実績から全線4車線化を実現するには約8兆円の費用が必要と試算されています。したがって、有料区間については、暫定2車線区間の4車線化を計画的に推進するため、優先的に事業化し整備する、課題の大きい区間を選定することが重要となっています。

　この思考のプロセスは一案であり、解答者は自らの知識や見識、経験に基づいて解答すればよいでしょう。特にⅢ選択科目は、評価項目のうち専門的学識（専門的な立場で専門用語を用いて）、問題解決（具体的な解決策）、評価（リスクとリスク対策あるいは波及効果と懸念事項）に留意して、コミュニケーション（分かりやすく解答）することが合格圏の論文となります。

ポイント
問題で問われていることに対して正しく絞り込みができている論文は、「合格レベル」です。

（2）論点の絞り込み方法

　問題の絞り込みの例を以下に示します。

　問題文から忠実に技術内容に沿って、費用対効果、環境負荷の低い項目や効率と効果の高いものなどから解答を選べればよいと考えます。一般的な広い視点からの絞り込みとしては、「ヒト、モノ、カネ、情報」があります。これは経営資源を考える際に用いますが、経営資源だけでなく様々な場面でも使用できます。

　例えば、今後のインフラ整備やインフラメンテナンスを考える際にも「ヒト」は技術者の不足を挙げることができます。「モノ」はインフラの老朽化や長寿命化を挙げることができます。「カネ」は国家や自治体での税制不足に起因する財政難を挙げれば論点を示すことができます。

　この他には「Q品質、Cコスト、D納期」＋S安全・E環境、「4M」、「ハード対策、ソフト対策」、「技術・コスト・環境」、「安全性・経済性・操作性」、「設計・施工」、「計画・実行」等を問題に合わせツールとして使用できます。解答論文の内容によってこれらの視点から、論点の絞り込みとして使えます。

抽出する数

　令和3年度からは、多面的な課題抽出は3つと明示されるようになりましたので、観点を明記したうえで、課題の内容をわかりやすく書くことがポイントです。その際、最初になぜ自分はこれら3つの観点としたのか、という「視点（見方、立ち位置）」を記述して論述展開をしていくとよいと思います。

　なお、問題文が「あなたが重要と考えるもの〜」「課題の数が明記されていない」場合は、抽出する数について注意しないといけません。重要と考えるものが2つや3つもあるのは、よくありません、重要な事項は原則1つです。

　問題文が「あなたが考えるもの」とあれば、あなた自身の考え方や主観的な解答でよいのです。その考え方の絞り込みは、「なぜ、重要かを述べられるものであれば」自分の考えを記述してよいのです。

「重要」と考える基準

　まずは、設問のキーワードに対して技術的に最も効果のある事項が主体となります。この他には国の重要な取組み、ガイドライン・施策・計画や白書などによるものがあれば、具体性が高くなるのでよいでしょう。

　その他の例としては、次のものがあります。

技術面における技術的効果・経済性・費用対効果・取組みやすさ・スピード・環境影響や社会受容されるもの、これらからひとつを取り挙げて理由づけを行えばよいでしょう。

(3) 解答論文作成時の論点の絞り込み

Ⅲ選択科目では、問題解決能力および課題遂行能力が問われます。考え方としてプロジェクトマネジメント手法を用いて問題解決策と課題遂行能力を解答すればよいです。

プロジェクトの一般的な進め方は、目的設定、現状分析、実行計画、要員計画、運営方法、予想リスクと対応方針です。プロジェクトを進める中でコミュニケーション、リーダーシップや各種マネジメントを用います。

具体的な解決策の絞り込みとしては下記が考えられます。

1. 既存の知見に裏付けされた解決策
2. 関係省庁の重要な取組、計画、ガイドラインや白書からの解決策
3. 自分の業務における現状を示す解決策
4. 読み手が納得できる数値や実例を示すことでの解決策
5. 「多様な視点から抽出」した解決策

これらの考え方からプロジェクトマネジメント手法を用いて論文を作成すればよいでしょう。その場合、5つのどの考え方を示すかを論文の中で入れておくと、試験官は、5つのどの方法で解決策を示しているかが分かり、理解が早まります。

5　質問内容と結論が一致しているか

1　主題と結論の内容

　技術士論文は、問題に沿った解答を記述することになります。しかし、解答論文を読み進めると冒頭に書いている内容と巻末に書いている内容に違いがある場合を見かけます。

　これは、自分の考えがまとまらないうちに書き出した結果です。したがって、記述する際は、設問に沿って、何についてどのように書くかをあらかじめ決めてから書き始める必要があります。

　単に、早く書くことばかりに集中していると主題と結論、冒頭と巻末で言いたいことが相違する場合がありますので注意してください。

2　考え方を文章にしておく

　筆記試験が開始されたら、いきなり論文を書き始めるのではなく、問題を熟読してどのようなキーワードで答えるか、その結論を何とするか、自らの思考のプロセスを把握し、どのように考えたかを記述します。結論に対し解決への絞り込みのプロセスがない論文は、解答論文にふさわしくありません。

　前項の「論点の絞り込み方法」こそ、思考のプロセスですから、考え方を文章にしておくことが大切です。解答用紙に章立てと、各段落の文書量をあらかじめ決めて、用紙の欄外に試験時間の管理の方法として記述完了予測時間をメモ書きします。そして、問題のキーワードから、何をどのように考え、なぜそうなるか、なぜそれが必要なのかを書くことで、読み手は納得します。

3　論点の絞り込みの考え方

　論点の絞り込みの考え方を再度示します。前節の問題Ⅲ—2を例にすると、例えば、「高速道路における安全・安心基本計画」に記載されている文章を参考にした対策案を示します。

1. 暫定2車線区間の4車線化を計画的に推進するため、優先的に事業化し整

備する。

2. 課題の大きい区間（以下、「優先整備区間」とする）を選定する。選定に
あたっては、IC 間毎に課題の大きさを評価した結果を踏まえる。

3. 事業着手に向けた調査設計を行い、効果的な付加車線の設置や3車線運用
など、道路を賢く使う観点も踏まえながら、コスト縮減策や効率的な事業手
法を検討し、事業費等を精査する。

4. 事業の実施体制の確保等の観点から、選定した優先整備区間の中から順次
事業に着手する。

5. 効率的な施工や走行安全性などの観点から、優先整備区間に連続する区間
についても合わせて4車線化等の必要性について検討する。

6. 高速道路の4車線化の事業完了には、一般的に5～7年程度を要すること
から、対面通行区間における当面の緊急対策として、ワイヤロープ等を設置
し、安全・安心の確保を図る。

などを参考にして具体的に記述することになります。

　キーワードの知識が少ないと解答内容が狭くなり、本来、設問で求めている
条件に沿った解答を記述することができません。この場合は、キーワード学習
を通じてキーワード知識を豊富にしなくてはよい解答が書けません。

　いざ筆記試験が始まってしまえば、自分の知識で書くよりほかに方法はあり
ません。そのための試験準備は、関連法規の理解、キーワード学習、論点の絞
り込み手法などを身につけておくことです。

ポイント
　結論を導き出した考えを示せること。結論の理由は、論理的に示し矛盾
がなければ、「合格レベル」です。

4　評価の考え方と書き方

　Ⅲ選択科目で問われる問題解決能力および課題遂行能力の設問 (3) では
「評価」が問われます。すなわち問題文に書いてある「すべての解決策を実行

しても新たに生じうるリスクとそれへの対策について、専門技術を踏まえた考えを示せ」という記述です。

　リスクとは、対策の実施や行動の結果を確実に予測できない状態、あるいは対策実施や行動に伴って不測の結果が発生する可能性がある状態のことを言います。すなわち、「負の評価」です。そして、リスク対策はリスクマネジメントの観点で記述することをお勧めします。リスクマネジメントとは、あらかじめ潜在するリスクを把握して、各種の危険による不測の損害（被害）を最小の費用で効果的に処理するための経営管理手法です。リスク排除、リスク低減、リスク分散、リスク回避などがあります。

　設問（2）で記述する課題「解決策」は、100％対応することであり、一方、リスク「対策」は、100％対応できなくてもやむなし、排除、低減、分散、回避などを適切に組み合わせてリスクに対応することです。「解決策」とリスク「対策」には違いがあります。

　令和2年度の必須問題からは、設問（3）でリスクの他に「懸案（懸念）事項」が問われています。両方とも「負の評価」ですが、リスクは顕在化している事象であり、懸案（懸念）事項は潜在化している事象、のことを意味しているため、その違いを理解して解答文章を準備しましょう。

6 顧客満足論文の原則

　技術士論文は、受験者の皆さんが合格を目指す論文です。その論文は一定のルールに従ったものが試験官の評価を得られます。それでは、一定のルールとはどのようなものか、答えは「顧客に満足してもらえる論文」でもあるわけです。顧客＝読み手と考えます。

1 顧客満足が得られる解答論文

　顧客満足が得られる解答論文の内容をまとめると以下のようになります。

> 1. 設問に忠実に答えている論文
> 2. 技術士として相応しい専門知識・応用能力・問題解決能力および課題遂行能力を示した論文
> 3. 自らの思考のプロセスを明示した論文
> 4. 文語体と能動態で記述した論文
> 5. 平易で素人が読んで内容の分かる論文
> 6. 簡潔な文章、短文で構成された論文

　本内容を各々具体的に説明すると以下になります。

（1）設問に忠実に答えている論文
　本章の第2節「技術士論文は設問に忠実に答える」でとりあげたとおり、問題を一度読んだからと言って論文は書けません。何が問われているかを把握し、主キーワードは何か、何を答えるのか。自分で記述方針を決定して初めて書き始めることができます。

（2）技術士として相応しい専門知識・応用能力・問題解決能力および課題遂行能力を示した論文
　問題で問われている専門知識に対し、応用能力や問題解決能力および課題遂

行能力について、経験に基づき広い知見や深い見識を示した論文が必要です。

Ⅰ必須科目では「技術部門」全体にわたる専門知識の応用能力、問題解決能力および課題遂行能力を問う問題です。Ⅱ選択科目1では、「選択科目」における重要なキーワードや新技術などに対する専門的知識を問う問題です。

Ⅱ選択科目2では、「選択科目」に関係する業務に関し、専門知識や実務経験に基づいて業務遂行手順が説明でき、業務上で留意すべき点や工夫を要する点などについての認識があるかを問う問題です。

Ⅲ選択科目では、「選択科目」について社会的なニーズや技術の進歩に伴う様々な状況において生じているエンジニアリング問題を対象として、課題の抽出を行い、多様な視点からの分析によって問題解決のための手法を提示して、その遂行方策について問う問題です。したがって、問題解決能力および課題遂行能力を示す解決策に解答の文字量を多くすべきです。

(3) 自らの思考のプロセスを明示した論文

技術士論文は早期に結論を述べ、その理由を示します。理由は自らの思考のプロセスを明らかにし、試験官が「なるほど」と理解できる内容が記述されなくてはなりません。そのために、具体的な内容、事実や数値を用いた内容で、試験官が判断できる内容を記述します。

(4) 文語体と能動態で記述した論文

技術士論文は文語体「である調」かつ、能動態で書くことです。なぜなら、話し言葉や受動態で書かれた文章は、解答論文としては、文章が稚拙に感じられ、悪い印象を与えます。審査される論文であることから、試験官に好印象を与える解答論文とします。

(5) 平易で素人が読んで内容が分かる論文

読み手である試験官に理解されなくては、合格はありません。ましてや、読んでもらえなくては理解以前に解答論文に問題があります。そのため、日頃から平易で素人が読んでも内容が分かる論文を書く訓練をしておくことです。

(6) 簡潔な文章、短文で構成された論文

だらだらと書かれた冗長な文章は読み手から見放されてしまいます。常に短くなるよう短文を心がけ、簡潔な文章になるよう考えながら書きます。自らが推敲する場合、自問自答しながら「一言で言えば」、「何が言いたいのか」と自分の解答に対して自ら問うてください。そうすれば短文で答えられます。

2 文章を書き慣れておくこと

解答論文の作成ルールを守り、だれにでも分かりやすい答案を書くためには、日ごろから文章を書き慣れておくことが有効です。事前準備として、論文を書く訓練を行い、第三者の方に読んでもらい、自分の書き方の癖を知るとよいと思います。

訓練のひとつとして、業務の一環で毎日、業務日報を作成することです。作成時間を設定し、第三者に読んでもらい、内容のチェック、文章の癖を教えてもらうのがよいと思います。本当に合格を目指すのであれば、仕事と資格試験は別物と考えるのではなく、業務を通じて資格試験の準備に繋げるのがよいのです。

ポイント

解答論文は、思考のプロセスを記述し、顧客満足が得られる論文は「合格レベル」です。

論文を書くときの実施ステップとその内容を以下に示します。

1. 論文のテーマと構成を決める。	テーマと論文の構成を考え、章と節を決める。読み手を意識して、タイトルを付ける。
2. 論点の絞り込み、結論を決める。	解答の論点を絞り込み、落としどころを決める。理由を明確に記述する。
3. 時間を決めて書き始める。	論文を書き上げる時間を決めて書く訓練をする。ワープロによる文書作成が一般的であるが、目標時間が達成できるまで手書きで訓練する。
4. 推敲、読み返しをする。	書き終えたら、文章の作成ルールに注意しながら読み返す。特に主語述語の関係、短文で、接続詞や修飾語は最小とする。句読点についてもルールを守り正しく打つと読みやすい。
5. 第三者に読んでもらう。	多くの人に読んでもらう。自分の癖を教えてもらう（試験前までには、対応する）。

3　文章のぜい肉を落とす

技術士論文は文字数が決められており、冗長な文章は読み手をうんざりさせる論文となります。また、冗長な文は文字量が多くなることで記述内容も制限され、内容の充実した論文となりません。簡潔な文章にするためには、文章のぜい肉となっている無駄な言葉を落とさなくてはなりません。以下に例を示します。

　次の例は、文量を半分にしました。文章を削るときには、その言葉が、情報・メッセージを伝えるうえで必要なのか、不必要なのかを判断します。その言葉を削ることでメッセージが弱まらないようなら、削ったほうが賢明です。

悪い例	ただ大きな声を張り上げて駅前広場で演説する立候補者。彼の主張を聞き逃さないように真剣に見つめる観衆。洋平は駅前広場にあふれかえる人ごみかき分けながら、駅の改札口に向かって行った。
良い例	大声で演説する立候補者をじっと見つめる観衆。洋平は人込みをかき分けながら、駅の改札口に向かった。

　次の例は「辛く長い研究にもかかわらず」を削りました。実務文や技術文章では、心情的な形容や比喩が煙たがられる傾向にあります。書く側は気持ちがよくても、読み手には理解を妨げる「邪魔者」です。

悪い例	辛くて長い研究にもかかわらず15年間の期間を経て、ついに○○学会の最優秀賞を受賞した。鬼のように厳しい○○学会の審査委員会から「最優秀賞」のお墨付きをいただいた。
良い例	15年間の研究期間を経て、○○学会の審査委員会から「最優秀賞」のお墨付きをいただいた。

7　見栄えの良い論文

　見栄えの良い論文とはどのような文章でしょうか。まずは、既定の書式に記述し、記載事項を漏れなく書いた文章です。さらに、必要事項が漏れなく記述されていること。既定の書式のない、技術士論文のように論文用紙に書く場合、見栄えとはどのようなことになるのでしょうか。

　一般に言われる見栄えの良い論文をまとめると以下となります。

1. 文書の作法に沿って、題名や章立て、項目番号付けなど、分かりやすい内容で「起・承」・「転」・「結」で論文を展開し、文字量を配慮した文章です。
2. 文字は丁寧に書くことです。手書きの場合、文字は上手と下手がありますが、ここで問われるのが丁寧か否かであり、読みやすいかです。
3. 文字は薄い文字では迫力なく、弱々しく感じるので、鉛筆はB以上の濃さが必要です。また、0.5 mm の芯よりも 0.7 mm 程度が折れにくく自分に合うものを準備します。
4. 箇条書きや図表があり、一定の余白があれば読み手は快く読むことができます。逆を言えば、紙面いっぱいに文字が書かれていると、読み手の意欲も失います。
5. 誤字・脱字・当て字などが多くあると、技術レベルを疑われます。

　以上により、見栄えの良い論文は、別の観点から第一印象の良い論文、または見た目の良い論文とも言えます。次に章立てと文字量の配分の良さ、文書を補足する効果的な図表があり適度な余白のある見やすい論文です。そして、最も大切なのが、設問にあった記述内容であることが求められます。

> ポイント
> 見栄えの良い、見た目の良い、第一印象の良い論文は「合格レベル」です。

1　第一印象の大切さ

　試験官が解答論文を手に取って採点しようとしたときに、「良さそうだ」と思わせる論文を心掛けます。なぜなら、第一印象が試験結果を左右するため、大切にしなくてはなりません。以下に2つの例を示します。

2　人の第一印象

　人間は第一印象で予測し、判断するところがあります。この人は良い人だ、信頼できそうだと、第一印象で感じた人との交渉は多くの場合上手くいくでしょう。反対にこの人は何かおかしいのではと、感じた人との交渉はうまくいかない場合が多いのです。

3　解答論文の第一印象

　解答論文の第一印象で、良さそうだと思わせる論文は、適度に空白と本文を補足する効果的な図表などを入れたものです。書かれている文字も濃く読みやすいものです。良い論文だと感じると採点にもわずかですが良い方向に作用します。

　一方最初からこれは悪いと思われた解答論文は、これはダメだろうという目で読まれることになり、わずかではありますが採点に差が生じます。わずかに悪いイメージで採点が厳しい方向に作用する可能性があります。

　これらの第一印象で、わずかな差がでる可能性があるのなら、第一印象を大切にしたいものです。この第一印象が、合否を分ける結果となるのなら、わずかな差を大切にします。

　以下に、解答論文を「起・承」・「転」・「結」の論文展開で対応させます。I必須科目、II選択科目とIII選択科目の事例を次に示します。

4 Ⅰ必須科目対応　技術分野の汎用的専門知識の論文構成と配分

項目と内容配分

「起・承」概要・応用能力

　技術分野のキーワードに対して、技術的な原理、状況、背景や条件に対し、経験に基づき設問より問題や課題を認識し分析を行い、業務遂行手順や留意すべき点・工夫点を説明する。

文字配分量 40％（目安）

「転」問題解決能力及び課題遂行能力

　社会や技術の状況から複合的な問題や課題を把握し、多様な視点から調査・分析を経て問題解決のための課題や遂行について論理的に説明する。解答内容により、技術倫理やコミュニケーションについても説明する。

文字配分量 45％（目安）

「結」結論

解決策の評価や効果と妥当性などを記述する。

文字配分量 15％（目安）

5 Ⅱ-2選択科目対応　選択科目の専門知識の論文構成と配分

項目と内容配分

「起・承」概要・遂行手順

　選択科目のキーワードに対して、概要、状況、背景、条件や目的などを説明し、自らの知識や経験に基づき、問題や課題を正しく把握し、必要な分析にて業務手順を説明する。

文字配分量 35％（目安）

「転」留意点や工夫する点

業務を実施する上での留意する点や工夫する点の正しい認識を説明する。

文字配分量 45%（目安）

「結」結論

解決策の効果やリスクなどを記述する。

文字配分量 20%（目安）

6　Ⅲ選択科目対応　技術的な見識の論文構成と配分

項目と内容配分

「起・承」概要・課題と問題点

選択科目のキーワードに対して、概要、状況、背景、条件や目的などを説明する。社会や技術における様々な状況から、複合的な問題や課題を認識し、多様な視点から調査・分析を行う。

文字配分量 35%（目安）

「転」問題解決と課題遂行

プロジェクトマネジメントの遂行力を用いて技術的な分析、対策や手法により、問題解決のための課題とその遂行内容について論理的に説明する。

文字配分量 45%（目安）

「結」結論

解決策の妥当性、留意点、効果、リスクや対処方法などを記述する。

文字配分量 20%（目安）

なお、文字配分量はⅠ必須科目、Ⅱ選択科目、Ⅲ選択科目によって変化しますので注意して下さい。

8 技術士論文にふさわしい考え方

技術士第二次試験の記述式では、これまで述べた解答論文の第一印象が大切だとか、見栄えの良い論文を書くように説明しました。

1 思考のプロセス

合格と評価される論文を作成するためには、技術士としてふさわしい考え方が必要です。ふさわしい考え方は「思考のプロセス」を身につける必要があります。

一般的な資格試験は、知識を問う問題ですから、事前に多くの事柄を覚えていれば、合格できます。しかし、技術士第二次試験は論文を記述することから知識だけでは筆記試験に合格することはできません。

筆記試験合格への道を順を追って説明します。

（1）どのような勉強をすべきか

キーワード学習で、基本知識を身につけます。ここで大切なのが単なる原理原則、基礎知識だけではありません。知識を問う試験でないことから、キーワードの課題や問題、課題解決策、現状の動向から将来の動向まで知らなくては解答できません。同時に関係するキーワードも覚えておくことです。試験日までの計画表を作成し、進捗確認できる方法をお勧めします。

（2）どのくらい勉強すればよいのか

平日は最低2時間毎日勉強してください。通勤時間と帰宅後または出社前の時間や1日の隙間時間を活用し、記憶することに重点を置きます。記憶法によると、就寝前に30分間で記憶し、翌朝に前夜の記憶内容がどれだけ覚えているか確認し、不足分をその場で再記憶することが良いとされています。休日は筆記力アップの取り組みです。過去問題を用いて原稿用紙にどれだけのスピードで書けるか時間計測をして取り組みます。勉強は繰り返しの早い回転力とモチベーション維持が課題です。JES*では目標を300キーワードとして推奨しています。

＊ JES とは日本技術サービス株式会社の略字です（以降 JES と記す）。

（3）どのような考え方が必要か

　国の重要な法律、取り組み、計画、ガイドや白書などを知っておく必要があります。なぜなら試験問題に「○○の計画によると」などと示される場合があるので必見です。次に自らの思考のプロセスを丁寧に説明することです。

（4）思考のプロセスについて

　「プロセス思考」とは、物事を「順序立てる」ことであり、プロセスとは、「物事の順序」です。技術士論文で記述する思考のプロセスとは、結論や、問題解決策を考えるときの自分の考え方を細分化し、順序立てて説明することです。

　したがって、物事を決定する方法やストーリーを明示することです。読み手が、なぜこのようにしたのか、なぜこのようにするのかが分かるような書き方が求められます。

　もう少し具体的に説明しましょう。

　問題に出題されている、問題や課題に対して解決策を考える中で、なぜこの解決策や結論を選択したかを、思考のプロセスを説明することにより、解決策が具体的な内容であり、妥当であることを明確にします。

　解決策の選択理由と実施方法を示す 5W3H（p.119 参照）が、合否を決めるのです。

　読み手に対して、この解答が自ら考える解決手法の内容であると説明するものです。ひとつの原因に対して「なぜ」「なぜ」を繰り返すことでも思考のプロセスとなり、読み手に取って理解しやすく分かりやすい説明となります。

（5）高い倫理観と意識

　論文作成時は、考え方として、国や会社の重要施策を担当しているという意識を持って取り組むことです。自らが考えた答えが、顧客の便益および公益に寄与し、経済性、実効性、実現性が高く、合理的で効果的な解答となっているかを確認してください。論文作成時は、高い倫理観と意識を持った考えで作成

してください。

（6）結論の要約が先にある

　解答パターンは「こう判断する。なぜなら」が一般的です。この解答方法は、問題提起→結論→根拠となり、まず問題に答えます。次に根拠を示すことです。この方法は結論の要約が先にあることで、読み手に安心感を与え、書く内容も分かりやすいものとなります。

　以下に具体的な例を示します。

> 悪い例　もうすぐ雪が降ります。
> 良い例　もうすぐ雪が降ります。なぜなら、気温が3度を下回り、上空
> 　　　　1,500 m の気温を調べたところ、氷点下5度を下回ってきたから
> 　　　　です。

　上記の悪い例は結論だけであり、なぜなのか理由が聞きたくなります。一方、良い例は、結論を傍証する根拠が「なぜなら」の後に続いており、納得しやすく数値が書かれています。論理的な事実として当該の数値は雪になる根拠となります。この根拠が結論の論証なります。

> ポイント
> 課題解決策で思考のプロセスを示している論文は「合格レベル」です。

9 受験申込書と業務内容の詳細な書き方

1 受験申込書の書き方

　受験申込書は口頭試験時の質問事項です。したがって、受験申込書は口頭試験対策の一環で臨む必要があります。特に、経歴書には自分が説明できないことや、自分が得意でないことは書かないことです。したがって、自分の得意とすること、何を質問されても答えられる内容とすることです。

　受験申込書には「専門とする事項」を記述する欄があります。技術部門・選択科目の次にあります。ここは何を書けばよいのでしょうか。あなたは何の技術士ですか、または、「専門家か」を問われていると考え、できるだけ具体的に書いてください。

(1)「専門とする事項」の注意点
　1) 経歴書の記載内容と合っていること。
　2) 業務内容の詳細に書いている内容と合致していること。
　3) 自分で新たに考えるのではなく、受験申込書の案内にある用語を使用するとよいでしょう（日本技術士会より発行の技術士第二次試験受験申込み案内の選択科目表）。
　4)「専門とする事項」＝経歴票の内容＝業務内容の詳細が一致していることです。

(2) 経歴書の内容の業務経歴記入欄
　経歴書の内容の業務経歴記入欄は、次のように書いてください。
　1)「計画、研究、設計、分析、試験、評価およびこれらの指導の業務」の中から選び、記述します。
　2) 技術的課題や創意工夫した内容を記述します。
　3) 経歴は「〜を目的とした」「〜の課題解決を行うために」の用語を用いて記入すればよいでしょう。

4) 経歴欄には5件を書く欄があります。そのうちの1件が業務内容の詳細となります。業務内容の詳細を記述する業務は5年以内が理想的ですが、技術的取り組みの内容や、技術的課題が説明できるのであれば、10年以上過去の業務でもよいでしょう。

5) 各経歴は試験官が読んで仕事の内容がイメージできる書き方をすることです。

6) アピール内容を記述します。関係する資格取得、学会発表、特許は記入します。

7) 受験資格として実務経験が7年以上必要です（総合技術監理部門は、10年以上）。

8) 業務先の固有名称は必要ありません。業務内容を記述します。

9) 各経歴欄の経歴に技術的課題が文章として書かれ、目的や特徴として記述されていればよいです。ただし、工事的な用語はできるだけ避けます。施工計画や施工管理は問題ありません。

(3) 業務内容の詳細

業務内容の詳細は、文字数が720文字ですべてを漏れなく表す文章ですから短文でまとめることです。

1) 章立てのタイトルは以下に示す構成がふさわしいと考えます。

立場と役割

課題と問題点

技術的提案

技術的成果

現時点での評価と今後の展望

2) 業務内容の詳細は口頭試験で質問されますので、どんなことを聞かれても解答できる項目のみ記述することです。このために当時の仕事上の各種（金額・工数・日程・条件・環境・ステークホルダーの状況など）データを揃えておくことも必要です。

3) 能動的な文章とし受験者のみが知る内容を記述することです。試験官はこの人が行った仕事なら、この程度の事は知っているのが当たり前と考え

て質問します。

4）課題と問題点について述べます。課題は、より良くするための取組やテーマです。問題とは、あるべき姿との現状との差であり、今にでも改善を必要とするものです。

5）業務内容の詳細の技術的提案は、高等な応用能力を駆使している内容であり、思考の過程を示し、何故この提案をしたか理由を述べます。成果については数値で示します。コンピテンシーとしてリーダーシップに関する言葉があれば良いと思います。例えば、ステークホルダーとの協議や、関係者と調整した内容を記述すればよいでしょう。

6）思考の過程を計画的に行っている内容とすることです。
中には、「○○対策では良い結果が出なく△△対策で良好な結果が出た」と記述される方がいますが、これでは計画的な仕事とはとらえられません。

7）技術的成果は定量的に表現し、自分が中心として行った内容とします。
経歴書の主体は受験者本人です。研究所でもなければ会社でもありません。
ここでは、コンピテンシーとして技術者倫理に関する言葉があれば良いと思います。例えば、公益の安全や環境の保全などの言葉を用いて考慮した内容を記述してください。

8）評価は現時点での評価です。展望は当該業務に関し、公益の確保に寄与する内容とすること。

9）文章は、「である体」で統一し、冗長的な文に注意してください。

氏　名		※　整理番号	

実務経験証明書

大学院における研究経歴／勤務先における業務経歴

	大学院名	課程（専攻まで）	研究内容	在学期間	
				年・月～年・月	年月数
詳細	勤務先 (部課まで)	所在地 (市区町村ま)	地位・ 職名	業務内容	従事期間	
					年・月～年・月	年月数
				業務内容は「高等な専門的応用能力を必要とする事項についての計画,研究,設計,分析,試験,評価またはこれらに関する指導の業務を行う者をいう」加えて、業務の特徴や目的についても記述する。説明できることのみ記述する。説明できないことは書かない。 「書き方例」 ○○の省エネを目的とした機械設計とその指導	1.従事期間は連続した内容で記述する。 2.業務経歴は 7 年以上とする。 3.業務内容の詳細は、出来るだけ近年に実施した業務とする。(理想は10 年以内)	
○						
※業務経歴の中から、下記「業務内容の詳細」に記入するもの１つを選び、「詳細」欄に〇を付して下さい。				合　計	11	6

上記のとおり相違ないことを証明する。　　　　　　　　　　　　　　　年　　　　月　　　　日

　事務所名

　証明者役職

　証明者氏名　　　　　　　　　　　印

業務内容の詳細

当該業務での立場、役割、成果等
業務内容の詳細は 720 文字以内で作成する。書き方の例を以下に示す。 　1.　立場と役割：　本業務において、私は○○の立場で、○○の役割を担った。 　　　　　　　　　　　（立場は広範な内容とし、役割は具体的な業務を記述する） 　2.　業務を進める上での課題と問題点：　本業務には○○の課題があり、○○の問題点があった。（課題は自分で抽出する） 　3.　技術的提案：　本業務において、私は(安全、生産効率、省エネ、CO_2 削減)が最も重要と考え、○○を解決するために○○の解決策を提案した。（何故この解決策か説明し、思考のプロセスを記述する） 　4.　技術的成果：　解決策を実施し、問題となっていた○○は○○%改善し、課題に対しても○○によって解決する成果を得た。（技術的成果は数値で示す） 　5.　現時点での技術評価及び今後の展望：　提案した○○は現在もその考え方は使用されている。これにより地球温暖化防止(省エネ、低炭素社会貢献など)に寄与することができた。（現時点での技術的評価）

2　技術経歴票の720文字詳述論文の構成骨格と配分（重要）について

　一般的に体験内容を詳しく記述すると、文字数と骨格は、3000文字程度になります。これらを720文字程度の短文にします。

　主な業務経歴票の詳述論文のストーリ性のある（**写真、図、表不可**）**文章**により記述する内容の参考事例の項目

　＊選択科目ⅡとⅢの論文には、効果的な図表を入れて説得力をますことが重要です。

　　○○○○○○○○の計画、設計、開発に関わる指導業務の概要

> 720文字の場合600字詰め用紙で5行程度にまとめる

名称、時期、背景、概要、結論などを理解しやすい短文で記述します。

（1）あなたの立場と役割

（2）業務を進める上での課題および問題点

　　（a subject、a theme・a problem & trouble、an issue）

　A 課題（問題点に対して解決の為にやるべきこと、解決の手段、前向きな取組み）

　要約：与えられたまたは業務上遂行すべき業務のテーマ。

　　a. 大きな課題を箇条書き。1行で短く説明する。

　　b.

　B 問題点（技術的欠陥、危機、義憤、係争を含むマイナス要因の題材に対して解決すべき事柄・a question、a problem trouble と広義な内容で誰もが問題でも自分には該当しないこともあります。）

　要約：上記課題を解決（または遂行）するときに解決しなければならない内容（問題点）日本技術士会ガイドブック「あるべき姿（目標値・水準）と現状値とのギャップ（差異）と定義。

　　a. 箇条書きで短く説明します。

　　b.

　　c.

表 1-1　○○○○

（3）私が（あなたが）行った技術的提案

> 720 文字の場合 600 字詰め用紙で 10 行程度にまとめる

　　a. 具体的な提案（解決策などを含む）を説得力のある数値を入れます。

　　　イ.

　　　ロ.

　　　ハ.

　　b. 苦心および失敗した点など。

　　c. この技術的体験を中心とする技術の応用分野など。

図 1-1　○○○

（4）技術的成果

> 720 文字の場合 600 字詰め用紙で 8 行程度にまとめる

　a. 技術的評価、説得力のある数値で記述します。

　b. 経済的評価、便益および貢献度などを記述します。

　　便益および貢献度

　c. 社会的および環境面からの評価などを記述します。

　　CO_2 削減効果、大気汚染軽減、騒音振動など。

（5）現時点での技術的評価および今後の展望

> 720 文字の場合 600 字詰め用紙で 5 行程度にまとめる

　現時点の評価は、前述の内容を自身が評価するものです。

　国内および海外を含めた技術的評価、研究開発中の未利用技術など含みます。

3　業務分析確認シート

　下記の内容は、業務遂行をした内容について Phase1. ～ 5. の確認項目を事例で示すものである。

　なお、業務経歴書 720 文字詳細記述においては、技術士に求められる資質能力（コンピテンシー）が含まれる内容が求められる。注記、文部科学省・試験部会資料・試験科目別確認項目を理解する。

　試験センターの用紙（720 文字）は、**最大打ち込みマクロ最大制限行数 20 行まで**となっています。従って、**1 行 36 文字程度**になります。**本来は点数と中身行数が比例しているものとして記述する。**

Phase　1. 業務の概要・背景説明・立場と役割・現状分析（BA）

＊記述は 2 ～ 3 行が適切。受験申込書の上段業務欄 5 行と重複しない書き方が必要である。

業務経歴の内容判断基準	業務の内容	○△×印でチェック	判定は○×
プロジェクト名称は適切か（題目・仕様・目的）	ふさわしいか	○×△	
10 年以内の業務か（時期・場所・特色）	ふさわしいか	10 年以前、10 年以内	
業務役割と立場、技術責任者、協力者、その他	あなたの立場		
コミュニケーション、リーダーシップ	**資質の確認**		

Phase　2. 業務を進める上での課題と問題点（解決項目）の提示・詳細問題分析（DPA）

＊記述は 2 ～ 3 行が適切。沢山記述しても点数にはならない箇条書きで述べる。

解決事項は・性能技術・価格・時間・その他		○△×	データ有無
課題と問題点は箇条書きにできるか	合計 3 行程度		
マネジメント（人・物・金・情報等）	**資質の確認**		
技術者倫理（公衆の安全、法令、責任等）	**資質の確認**		

Phase　3. 技術的提案・対応と解決策（総合技術監理の視点からの提案）・遂行決定分析（CDA）

＊記述は 4 ～ 7 行が適切。思考のプロセスで述べる得点の取れる項目である。

技術レベル・独創的・論理的基礎知識		○△×	データの有無
解決策の思考プロセスは十分か、5W3H	思考プロセス		
解決策は、数値化、図表で提示できるか			
専門的学識、問題解決	**資質の確認**		

<u>Phase　4. 技術的成果・便益貢献度・最終決定分析（総合技術監理の視点からの成果）</u>
<u>（FDA）</u>
＊記述は 2 〜 4 行が適切で定量的に数値が必要である。

技術、社会環境、経済評価は科学的評価指数 IRR 等用いたか		○△×	数値の有無
技術的・経済的・社会的な検討をしたか			
評価・定量的に数値化されているか	資質の確認		

<u>Phase　5. 現時点での技術的再評価と今後の動向（総合技術監理の視点から必要事項）</u>
<u>将来分析（FA）</u>
＊記述は 2 〜 3 行が適切、新たなリスク記述がある場合は 4 行程度になる。

社会の安全と環境への対応		○△×	再評価の有無
課題の技術的な動向と将来展望（グローバルな観点も含む）			
再評価（新たな波及効果とリスク）・CPD 継続研さん（資質向上）	資質の確認		

　なお、分析シートの詳細な補足説明、課題と問題点などの解説は本書の p.75 を参照願いします。また、業務分析シートについては、無断複写禁止、無断で内容を引用された場合は削除をお願いします。

実務経験証明書のサンプル　1

試験制度の変更からコンピテンシー項目が具体的になった事から受験申込書についてもその対策として業務内容の詳細に反映しました。

氏　名	技術　士郎　（機械）

※整理番号

実務経験証明書

大学院における研究経歴／勤務先における業務経歴

詳細	大学院名 勤務先（部課まで）	課程（専攻まで） 所在地（市区町村まで）	地位 職名	研究内容 業務内容	在学期間 年月～年月 従事期間 年月～年月	年月数 年月	数
	○○製造（株）○○事業所製造本部	神奈川県 相模原市	技術責任者	回転機械（ポンプ、ファン、コンプレッサ）経年劣化診断方法の調査、評価	2005年4月～2008年3月	3	0
	同上	同上	同上	工場設備の更新設計と評価	2008年4月～2014年3月	6	0
	同上	同上	同上	省エネルギー及び環境に配慮した工場の設備計画、設計、評価	2014年4月～2015年3月	1	0
○	○○製造（株）○○本部	神奈川県 横浜市	主任技術責任者	省エネルギー及び環境に配慮した全社の蒸気供給設備計画、設計、評価	2015年4月～2017年3月	2	0
○	同上	同上	主任技術責任者	省エネルギー及び環境に配慮した全社の電力設備計画、設計、評価	2017年4月～2019年3月	2	0
	合　計					14	0
					年　　月　　日		

※業務経歴の中から、下記「業務内容の詳細」に記入するものの1つを選び、「詳細」欄に○を付けて下さい。

上記のとおり相違ないことを証明する。
事務所名
証明者役職
証明者氏名　　　　　　　　　　印

82

業務内容の詳細

当該業務での立場、役割、成果等

1. 立場と役割：全国に6工場があり、全社でエネルギー削減を推進している。全社管理部門の技術責任者の立場で、各工場や関係部門と協議を行い、現状を調査分析し、代表的な○○工場で対策を実証し、その結果を全社に適用する役割を担った。2. 業務上の課題：各工場では大量の蒸気を使用する。エネルギー消費割合は電力、ボイラー用燃料が大きい。ボイラーは各工場にあり、共通的な対策が効果的なことからボイラー用燃料の10%削減を課題とした。3. 技術的提案：○○工場で蒸気圧力、ボイラーの負荷率に着目し安全性や環境影響について評価検討した。蒸気圧力については、多くの製造工程では0.6MPaで、一部の工程では0.9MPaと高い圧力で操業していた。圧力の高い工程について生産状況を観察しながら必要最低蒸気圧力を模索した結果、0.7MPaに下げることができ、燃料を2%削減できることが判明した。負荷率について、ボイラーは水管式の30トン用と大容量にも関わらず蒸気使用量は最大15トン／h、最低3トン／hと変動が大きく、効率の低い低負荷で運転する時間が長いことが判明した。この結果圧力を0.9MPa以下では高効率の小型貫流ボイラーを適用し小型化と台数制御により、各ボイラーは常時負荷率が高く高効率運転を提案した。4. 技術的成果：高効率の小型貫流ボイラー8台を導入し、台数制御した。各工程では蒸気を0.7MPa以下とした。実証結果では目標を上回り、12%の燃料削減ができ、約3,200万円／年を削減した。5. 今後の展望：各工場ではこの他に、機器の老朽化している類似の蒸気システムについても本対策によって大きく省エネを図ることができる。現状、重油炊きボイラーも多く、CO2排出量の少ないガス燃料への転換でさらにCO2削減を図り、環境保全全にも貢献したい。以上

JES 日本技術サービス作成【下書き用】

それではこの業務内容の詳細の書き方を見てみましょう。

1．立場と役割ですが、ここでは立場として「技術責任者」、役割は「○○工場で対策を実証し、その結果を全社に適用」とエネルギー削減対策の内容を全工場への展開までが役割と書かれています。また、コンピテンシーの項目として「各工場や関係部門と協議を行った」と記述してリーダシップを発揮したことが書かれています。

2．業務上の課題ですが、課題は「ボイラー用燃料の10％削減」と書かれています。

3．技術的提案は、エネルギー削減策について、何に着目したか、何故削減できるかの具体的な内容となっています。提案としては「高効率の小型貫流ボイラーを適用し小型化と台数制御により」負荷率が高く高稼働率にできるシステムとしてエネルギー削減できることが述べられています。

　そして、ここではコンピテンシーの項目として技術者倫理に触れて、「安全性や環境影響を評価検討し」と公益確保について説明しています。

4．技術的成果は、具体的な数値を挙げて「12％の燃料削減ができ、約3,200万円／年を削減」と実施内容の成果を記載しています。

5．今後の展望としては、今後の技術の進展により「類似の蒸気システムについても本対策によって大きく省エネを図ることができる」「環境保全にも貢献したい」と自身の意欲を表明しています。

このように、5項目について、分かり易く、しかもコンピテンシーの項目を考慮した書き方が評価できます。

実務経験証明書のサンプル　2

※整理番号

実務経験証明書

氏　名　技術　土郎　（電気・電子）

大学院における研究経歴／勤務先における業務経歴

	大学院名 勤務先 （部課まで）	課程（専攻まで） 所在地 （市区町村まで）	地位 職名	研究内容 業務内容	在学期間 従事期間 年　月～年　月	年月数 年月数
	○○株式会社 情報機器部	東京都 北区堀船	技術 担当	情報通信システムの更新に伴う高速化と省エネを目的とした情報通信機器の設計	1999年4月 ～2004年3月	5　0
	同上	同上	同上	情報機器の環境負荷低減を目的とした情報通信機器の廃棄、リサイクルの計画と標準的な廃棄手法の確立設計	2004年4月 ～2009年3月	5　0
	同上	同上	同上	情報通信機器の環境負荷低減を目的とした情報機器の廃棄計画及び指導（AI DD 総合種工事担任者資格取得）	2009年4月 ～2013年3月	4　0
	同上	同上	技術 責任者 主任	LANシステム更新に伴う省エネと環境負荷低減を目的とした電源装置設計及びLANシステム構築設計及び施工計画	2013年4月 ～2016年3月	3　0
詳細○	同上	同上	技術 責任者 主任	大型LED表示装置の設置精度向上と標準化を目的とした表示装置の設計施工と画指導（第三種電気主任技術者取得）	2016年4月 ～2019年3月	3　0
				合　計	年　　月　　日	20　0

※業務経歴の中から、下記「業務内容の詳細」に記入するものの1つを選び、「詳細」欄に○を付して下さい。

上記のとおり相違ないことを証明する。

事務所名
証明者役職
証明者氏名　　　　　　印

86

業務内容の詳細

当該業務での立場、役割、成果等

1．立場と役割：屋外用大型 LED 表示装置の老朽化による更新業務の責任者の立場で、社内及び発注者と協議を行い LED 表示装置の取付け装置設計と施工計画 指導の役割を担った。2．課題および問題点：表示装置更新に伴い周囲環境と違和感のない設置と効率的な施工方法が課題であった。最新技術により LED 表示装置は薄型化され従来品より薄い薄い製品であり 取付け時の垂直面の段差が問題であった。3．技術的提案：高輝度 LED 表示装置（H 約 3m × W 約 6.5m を 3 枚 × 5 枚の組合せ）はメーカーから買い入れし、施工計画にあたり、LED 表示装置は標準化パネルであり受入れ時に従来品と数ミリ取付け寸法と状況把握のため、設置の周囲看板や既存取付け場所と上部と下部に可変で数センチの差があり、表面段差を補正する取付け装置が必要であった。本取付け装置は壁との垂直面調整を自由に可変できるものとし、表示装置の上下左右に取付け装置を配置し、周囲のパネルとの段差をなくし標準化と安全性や環境影響を評価検討し計画した。出荷前の品質確認試験にあわせ、現場組立の最小化と垂直面の可変対応の確認も行った。4．技術的な成果：本取付け装置は大型 LED 表示装置の水平 垂直面精度に左右されない隣のものと表示面が統一できる標準化の施工方法と取付け方法が容易になり、取付け作業は 5 日予定を 3 日で完了し、40%の工期を短縮した。5．技術的評価と今後の動向：本取付け装置は取付け段差があっても垂直面や隣接接装置とレベルを合わせられる標準化装置として現在多くの現場で採用されている。以上

JES 日本技術サービス作成【下書き用】

それではこの業務内容の詳細の書き方を見てみましょう。

1．立場と役割ですが、ここでは立場として「更新業務の責任者」、役割は「取付け装置設計と施工計画指導」と記述されています。また、コンピテンシー項目は「社内及び発注者と協議を行い」と記述してリーダシップを発揮したことが書かれています。

2．課題及び問題点ですが、課題は「周囲環境と違和感のない設置と効率的な施工方法」で、問題点は「LED 表示装置は薄型化され従来品より薄い製品であり、取付け時の垂直面の段差があった」と書かれています。

3．技術的提案は、表示装置の周辺状態を確認し、具体的な内容となっています。提案としては「表面段差を補正する取付け装置により、周囲のパネルとの段差をなくし標準化」とその理由が述べられています。

　　そして、ここではコンピテンシーの項目は技術者倫理について、「安全性や環境影響を評価検討」したことが説明されています。

4．技術的成果は、本取付け装置は「標準化の施工法が確立できた」ことと、「40%の工期を短縮」と数値による成果も記載しています。

5．現時点での技術的評価と今後の動向としては、「標準化装置として現在多くの現場で採用されている」と今回開発した取付け装置が他のプラントでも使用していると締めくくっています。

このように、5項目について、分かり易くしかもコンピテンシーの項目を考慮した書き方が評価できます。

実務経験証明書のサンプル　３

※整理番号

| 氏　名 | 技術　土郎　（コンクリート） |

実務経験証明書

大学院における研究経歴／勤務先における業務経歴

詳細	大学院名／勤務先（部課まで）	課程（専攻まで）／所在地（市区町村まで）	地位・職名	研究内容／業務内容	在学期間／従事期間　年 月〜年 月	年月数（年 月）	
	○○県○○○課	○○県○○市	技術者	山間部の県道において、長大のり切土が発生するRC造道路改良工事の計画及び設計業務	2000年4月〜2003年3月	2	0
	○○県○○○課	○○県○○市	主任技術者	土木RC構造物の耐震化計画策定業務	2003年4月〜2008年3月	5	0
	○○県○○○課	○○県○○市	主任技術者	山間部の国道において、RCボックスカルバート橋の橋梁補修工事の計画及び設計業務	2008年4月〜2013年3月	6	0
	○○県○○○課	○○県○○市	総括技術責任者	市町村の下水道事業におけるRC構造物の長寿命化計画作成に関する指導業務	2013年4月〜2018年3月	5	0
○	○○県○○○課	○○県○○市	総括技術責任者	下水処理場内の既設RC造沈殿池の劣化診断及び計画策定業務に関わる指導補修工事に関する調査	2018年4月〜2019年3月	1	0
				合　計	年　　月　　日	19	0

※業務内容の詳細「詳細」に記入するものの1つを選び、「詳細」欄に○を付して下さい。

上記のとおり相違ないことを証明する。

事務所名
証明者役職名
証明者氏名　　　　　　㊞

業務内容の詳細

当該業務での立場、役割、成果等

1. 立場と役割：本業務は昭和40年竣工の下水道処理場RC造沈殿池（12mW×30mL×6mH）の劣化補修工事である。私は発注者側の総括責任者として工事事業者と協議を行い、調査診断及び補修計画の役割を担った。

2. 課題及び問題点：本沈殿池はコンクリートのひび割れ箇所が多く確認されており、厳しい財政状況の中、施設を適正に運営する必要があった。そのため、各ひび割れ箇所の劣化進行速度を予測し、その原因を究明し、適正な補修計画を策定することが重要と考えた。そこで、課題としては多数のひび割れ箇所の内、補修優先順位を明確にして、補修箇所を選定することであった。3. 技術的提案：予定使用期間を50年とし、性能保持の目的より補修すべきひび割れ箇所の選定を実施した。はつり調査の結果、中性化位置を鉄筋位置より浅く、√t則による50年後の中性化残りも十分であり、鉄筋に腐食は見られなかった。ひび割れの発生状況から、コールドジョイント縮固め不足、セメント水和熱に起因したひび割れ等が主な原因であると判断した。そこで、水密性保持の観点から、常時水圧が作用する部位に発生したひび割れの内、水密性の性能低下が予測され、予防措置が必要な箇所を優先的に補修対象箇所と設定し公衆の安全、健康及び福利とひび割れ幅のみで補修対策を最優先に実施した。4. 技術的成果：上記補修計画により、ひび割れの種類及び発生原因を考慮せずにひび割れ幅のみで補修対策を実施した場合と比較し、約40%の工事費削減となり、併せて維持管理費の平準化が可能となった。5. 現時点での技術的評価と今後の動向：今後、AI技術等による点検の自動化やモニター技術の改良が進み、コンクリート構造物の劣化状況の分布や経時変化の把握がより一層容易になると考える。以上。

JES 日本技術サービス作成【下書き用】

91

それではこの業務内容の詳細の書き方を見てみましょう。

1．立場と役割ですが、ここでは立場として「総括責任者」、役割は「調査診断及び補修計画」と記載されています。また、コンピテンシー項目は「工事事業者と協議を行い」と記述してリーダシップを発揮したことが書かれています。

2．課題及び問題点ですが、問題点は「コンクリートのひび割れ劣化が多く確認され」と書かれ、課題は「ひび割れ箇所の内の補修優先順位を明確にして、補修箇所を選定」としています。

3．技術的提案は、技術的な検討結果の詳細を記載し、具体的な内容となっています。提案としては「常時水圧が作用する部位に発生したひび割れの内、水密性の性能低下が予測され、予防措置が必要な箇所を優先的に補修対象箇所と設定した」とその理由が述べられています。

　そして、受験者は行政の担当者らしくコンピテンシーの項目は技術者倫理について、「公衆の安全、健康及び福利を最優先に」行ったと、公益確保について説明しています。

4．技術的成果は、具体的な数値を挙げて「約 40％ の工事費削減」「維持管理費の平準化が可能となった」と実施内容の成果を説明しています。

5．現時点での技術的評価と今後の動向としは、今後の技術の進展により「コンクリート構造物の劣化状況の分布や経時変化の把握がより一層容易になる」と今後の技術の進展を見越した言葉で締めくくっています。

このように、5 項目について、分かり易くしかもコンピテンシーの項目を考慮した書き方が評価できます。

実務経験証明書のサンプル 4

実務経験証明書

氏 名　技術 士郎 （道路）　　　　　　　　　　　※整理番号

大学院における研究経歴／勤務先における業務経歴

詳細	大学院名 / 勤務先（部課まで）	課程（専攻まで）/ 所在地（市区町村まで）	地位・職名	研究内容 / 業務内容	在学期間 年月～年月 / 従事期間 年月～年月	年月数 / 年月数
	○○コンサルタント株式会社 設計部道路課	○○県 ○○市 ○○町	主任技術者	○○国道管理事務所管内における自動車道の詳細設計業務	2006年4月 ～2008年3月	2　0
	同上	同上	同上	○○国道管理事務所管内の国道○○線における電線共同溝詳細設計業務	2008年4月 ～2012年3月	4　2
	同上	同上	同上	県道○○線における無電柱化計画策定業務及び基本設計業務	2012年4月 ～2015年3月	3　10
	同上	同上	総括責任者	○○国道管理事務所管内における国道○○線改築（2車線増築）工事の詳細設計業務	2015年4月 ～2017年3月	2　0
○	同上	同上	総括責任者	県道○○線における改築工事の施工計画策定業務及び詳細設計業務	2017年4月 ～2019年3月	2　0
				合　計	年　月　日	13　0

※業務経歴の中から、下記「業務内容の詳細」に記入するものの1つを選び、「詳細」欄に○を付して下さい。

上記のとおり相違ないことを証明する。
　事務所名
　証明者役職
　証明者氏名　　　　　　　　　　印

※業務経歴の詳細　　　　　　　　年　月　日

業務内容の詳細

当該業務での立場、役割、成果等

1. 立場と役割：本業務は国道（2車線）を海側へ2車線拡幅する延長900mの増築工事である。私は総括責任者の立場で、社内及び発注者と協議を行い、施工計画及び詳細設計の役割を担った。

2. 課題及び問題点：問題点は、着手時の駅伝競走開催による遅延と、一方早期開通の制約、既設道路取り壊し、既設道路を運用しながら交通切替を可能とする施工による工事費増大であった。課題は大幅な工期短縮を可能とする施工計画策定であった。

3. 技術的提案：新設2車線の計画高は完成済海岸擁壁高の制約があった。そこで既設2車線より計画高を低くすることに着目し、既設情報ボックスを移設せずに継続使用する事とした。つまり、中央分離帯にL型擁壁を使用して、高低差を設けるグレードセパレートとして大幅な工期短縮及び工費削減を図った。また、一層の工期短縮を図るために中央分離部に用いるL型擁壁については、ガードレール基礎一体型プレキャストL型擁壁を採用した。さらに既設道路の舗装は可能なかぎり取り壊さずに舗装を施すオーバーレイ工法とし、工事と交通の安全性確保や環境影響を評価し実施した。

4. 技術的成果：上記技術的提案により、既設道路の大規模撤去工事に伴う既設新設フラット型構造と比較し、約2億8千万円の工事費削減となった。また、工期も4ケ月の短縮となり、かつ建設産業廃棄物（アスファルト殻）約100tonの削減となった。 5. 現時点での技術的評価と今後の動向：道路分野ではICT技術の利活用の観点から、計画・施工・維持管理の各段階においてITS構築を念頭に入れた計画策定に取り組む所存である。以上

JES 日本技術サービス作成【下書き用】

それではこの業務内容の詳細の書き方を見てみましょう。

1. 立場と役割ですが、立場として「総括責任者」、役割は「施工計画及び詳細設計」と明確に書かれています。また、コンピテンシーの項目として「社内及び発注者との協議を行った」と記述してリーダシップを発揮したことが書かれています。
2. 課題及び問題点ですが、問題点は「着手時の駅伝競走開催と既設道路を運用しながら交通切替えを可能とする施工による工事費増大」と書かれ、課題は「工期短縮を可能とする施工計画策定」であると述べられています。
3. 技術的提案は、技術的な検討結果の詳細を記載し、具体的な内容となっています。提案としては「中央分離帯にL型擁壁を使用して、高低差を設けるグレートセパレートとして工期短縮と工事費削減と、更なる工期短縮を図るためガードレール基礎一体型プレキャストL型擁壁の採用と更にオーバーレイ工法」の3つの工法を提案しています。そして、ここではコンピテンシーの項目として技術者倫理に触れて、「工事と交通の安全性確保や環境影響を評価検討し」と公益確保を検討したことにも説明しています。
4. 技術的成果は、具体的な数値を挙げて「約2億8千万円の工事費削減」「工期も4ケ月の短縮」「建設産業廃棄物の約100tonの削減」と実施内容の成果を記載しています。
5. 現時点での技術的評価と今後の動向としては、道路分野での「計画・設計・施工・維持管理の各段階において今後、ITS構築を念頭に入れた計画策定」に関し自身の意欲を述べています。

このように、5項目について、分かり易くしかもコンピテンシーの項目を考慮した書き方が評価できます。

実務経験証明書のサンプル 5

氏　名	技術 土郎 （施工計画）	※整理番号		

実務経験証明書

大学院における研究経歴／勤務先における業務経歴

	大学院名 勤務先 （部課まで）	課程（専攻まで） 所在地 （市区町村まで）	地位 職名	研究内容 業務内容	在学期間 年月～年月 従事期間 年月～年月	年月数	年月数
詳細	○○建設株式会社 建設部	○○県 ○○○市 ○○町	主務 （管理技術者）	愛知県鋳造工場改造計画プロジェクトのマスタープランの立案 施工計画 管理及び指導（一級土木施工管理技士、一級建築士として従事）	2009年6月 ～2011年5月	2	0
	同上	同上	同上	ガスエンジン発電設備基礎事業の立案 施工計画 管理及び技術指導（同上の資格者として従事）	2011年6月 ～2013年5月	2	0
○	同上	同上	同上	橋梁メーカーエ場開設 PROJECT のエリアマスタープランの立案 施工計画 管理及び技術指導（同上の資格者として従事）	2013年6月 ～2015年7月	2	2
	同上	同上	主査 管理技術者	○○市公共設備の耐震補強プロジェクトのエリアマスタープランの立案 施工計画 管理及び技術指導（同上の資格者として従事）	2015年8月 ～2017年11月	2	4
	同上	同上	次長責任者管理技術者	複数ハサップ高度化認定食品工場のエリアマスタープランの立案 施工計画 管理及び指導（同上の資格者として従事）	2017年12月 ～2019年3月	2	4
				合　計	年　　月	10	10
					日		

※業務経歴の中から、下記「業務内容の詳細」に記入するものの1つを選び、「詳細」欄に○を付して下さい。

上記のとおり相違ないことを証明する。

事務所名
証明者役職
証明者氏名　　　　　　　　　　　　　　　印

業務内容の詳細

当該業務での立場、役割、成果等

1. 私の立場と役割：工場開設のエリア全体マスタープラン立案について社内及び発注者と協議を行い、施工計画管理及び技術指導の役割を担った。2. 課題：①工場の精密機械を稼働中にも、敷地内道路の改造を行わなければならず、精密機械に悪影響を及ぼす粉塵の飛散防止。②工場車両が常時通行している道路の路面更新計画があり、一般工事の直接散水を計画したが、1）直接散水では水の表面張力により粉塵が水を弾き、濡れにくく、飛散防止が不完全だった。2）直接散水では、局部散水となり広範囲で発生する粉塵を抑制するためには、大量な水が必要となり環境負荷が増加する問題が生じた。4. 技術的提案：（①-1）化審法で安全性を検証した界面活性剤を加え、水の表面張力を低下させ、粉塵の弾きを繰り返し、粉塵の浮遊している空間の水分含みを良好にし、粉塵捕捉効率の増加を行った。（①-2）10～100ミクロンのミスト噴霧とし、粉塵が浮遊している空間の水分濃度を上げ、粉塵と水分の衝突回数を増加させ浮遊粉塵捕捉量を増加させた。通常の表層施工を100mm×2層舗装から50mm×1層舗装に計画変更し、品質面で耐流動性耐摩耗性を向上させると共に、工事と公共の安全と比較し、工期短縮コストとし、工期短縮を図り、②鉄鋼スラグ大粒径アスファルト舗装を提案し、界面活性剤添削減を図り、水使用量60%の削減で粉塵飛散を抑制し、環境負荷及び水道料金の低減を実現した。②鉄鋼スラグの使用で再生資源の有効利用を図った土の工法とし、全体工期を20日短縮、イニシャルコスト7%削減を実現した。以上

成果：①直接散水と比較し、界面活性剤添加ミストとしたことで、水道料金の低減を実現した。

JES 日本技術サービス作成 【下書き用】

99

それではこの業務内容の詳細の書き方を見てみましょう。

1．立場と役割ですが、立場は「全体マスタープラン立案」であり、役割として「施工計画 管理及び技術指導を行った」と記載されています。また、コンピテンシー項目として「社内及び発注者との協議を行った」と記述してリーダシップを発揮したことが書かれています。

2．課題では、工事車両による「粉塵の飛散防止」と「道路工事の工期短縮施工の二点」であると述べています。

3．問題点は「粉塵を抑制するためには、大量な水が必要となり環境負荷が増加する問題」を挙げています。

4．技術的提案は、問題解決として施工時の散水方法の改善と「鉄鋼スラグ大粒径アスファルト舗装に計画し、通常の表層施工50 mm×2層の舗設を100 mm×1層舗設」と舗装内容の変更を提案しています。施工方法の改善では何故この手法が良いかを説明し、現実的で具体性のある提案となっています。

そして、ここではコンピテンシーの項目として技術者倫理について、「公共の安全性や環境影響を評価検討し」と公益確保を行ったと説明しています。

5．成果は、具体的な数値を挙げて「水使用量60％の削減で粉塵飛散を抑制」「全体工期を20日短縮、イニシャルコスト7％削減」と実施内容の成果が述べられています。

このように、5項目について、分かり易くしかもコンピテンシーの項目を考慮した書き方が評価できます。

第3章
技術士論文作成の注意確認事項

　本章では、技術士論文作成時の注意確認事項について示します。論文構成と文字量の考慮、あいまいな表現は避ける、答案で避けた表現、図表の入れ方、短い文の書き方、論文書き方の基本、高得点を得る論文構成、推敲でさらに高得点などについて説明します。

1　論文構成と文字量の考慮

1　解答論文の文字量

　Ⅱ選択科目の場合、答案用の解答用紙は2枚以内です。1枚は、文字数で600字詰用紙です。筆記のステップは、問題を熟読してから、章、節と項の各段落を決め、全体の文字量から各段落にふさわしい文字量を割り振ることになります。この問題は応用能力を問われる問題ですから、応用能力に関わる章には文字量は多くなります。

　「起・承」に当たる概要で半分以上記述するような論文は、見栄えの良い論文とは言えません。また、結に当たる文章の文字量が多くてもよくありません。

　見栄えが良くバランスの良い文章とは、技術士論文の場合、「起・承」・「転」・「結」の四段構成で作成しますが、結論は早い段階で一度説明し、読み手を不安にさせることがないようにすることも忘れないで欲しいポイントです。

2　解答論文の文字の配分量の目安

　Ⅰ必須科目およびⅢ選択科目の場合、答案用の解答用紙は3枚以内です。目安として示すと「起・承35％」、「転45％」、「結20％」が良いと思います。

　この問題は、問題解決能力と課題遂行能力を問われる問題ですから、問題解決と課題遂行に関わる章は文字量も多くなり、思考のプロセスを記述することになります。

　論文内容によって、文字量比率が変化しても良いと思いますが、大きく崩すことは良くありません。文字量の大枠は、「転」>「起・承」>「結」の順で少なくするのが良いと考えます。

3　技術士論文レイアウト「解答論文を大枠で示した例」

　解答論文を書くときに記述の基本を知っておくと、大きな間違いをせずに書くことができます。その方法のひとつがテンプレート法です。以下に示すテンプレートを使用すると、基本的な事項が決められていることから、自分の考えをモレなく伝えることができます。

タイトル	⇒	○○について
見出し	⇒	伝えたい事柄を書く。
結論を書く	⇒	考えを示す。
理由を書く	⇒	結論の元の考え方を示す。
詳細に書く	⇒	なぜそのようにするか思考を明示する。
まとめを書く	⇒	だから結論であると示す。

　上記は、結論を効率よく伝えるときに使用できるテンプレートです。冒頭に結論を示してから「理由」→「詳細」→「まとめ」の順で書きます。

2　あいまいな表現は避ける

　技術士第二次試験で記述する論文は、技術論文ですから文章は自信をもって言い切ることです。不安な気持ちであれば、あいまいな表現になるので注意してください。昨今メールなどで話し言葉を使用することが多く、以下のような表現をする場合もありますが、試験時には不適切です。

1　推測表現の例

　推測表現の例を具体的に見てみましょう。×は避ける表現、○は見直し後の表現です（以下同様）。

　　×「～だと思う」⇒ ○「～である」

　　×「～考えられる」⇒ ○「～考える」

　　×「～かも知れない」⇒ ○「～である、～と推察する」

2　評論的表現の例

　評論的表現の例を具体的に見てみましょう。

　　×「～が望まれる」⇒ ○「～必要である」

　　×「～研究が待たれる」⇒ ○「～と考察する」

3　その他良くない表現の例

　その他良くない表現の例を具体的に見てみましょう。

　　×「～の指示に基づいて」⇒ ○「～へ提案し、議決決定の上」

　　×「～の結果、コストは大幅に削減した」

　　　⇒ ○「～により、コストは従来に比べ10％ダウンできた」

　　×「～の対策は効果を発揮した」

　　　⇒ ○「～を対策したことで80℃までは使用可能になった」

4　現代表記法

　符号の使い方、漢字とひらがな、送りがな、解答用紙の使い方などルールがあります。次に基本的な文章作成の常識を以下に示します。

　論文の項目番号を付けるときは、特許及び実用新案などで、図表に部品番号に丸英数字など（①や@）を使うことから、図表を記載するときは、混同を避けるため丸英数字を使わないことが好ましいと言えます。

　以下は、文部科学省の現代仮名遣い内閣告示第一号より抽出したものであり、その事例の各々の下に具体的に詳細を記しています。

（1）符号の付け方

　「。」句点

　1）文の終わりに打つ

　　例：～である。～と思われる。

　2）箇条書、標語、題目には打たない

　　例：技術士一次試験の対策は過去問題を重視する　　整理整頓

　「、」読点の打ち方

　1）文の主題・主語となる語が長いとき、その後に

　　例：昨夜から降り始めた雪は、昼過ぎにやんだ。

　2）接続詞、副詞の後に打つ

　　例：消防自動車は優先させる必要がある。したがって、消防車の前を走る際は、左側によって停止する。

　3）原因・条件・理由などの節の後に打つ

　　例：サージ電圧が2倍になっても、現状の設定で変圧器は保護できる。

　4）基本ルールを理解する

　　　役割は、1文中の要素を内容にしたがって大きくグループ分けすることです。関係の深い語句同士をまとめ、関係の浅い語句を切り離すことです。以下に例を示します。

悪い例　他人に厳しく、自分には優しい人は尊敬されません。
良い例　他人に厳しく自分には優しい人は、尊敬されません。

5）引用を示す「と」の前に（引用カッコの代用）
　　例：このような豪雨は初めてだ、と地元住民は話していた。
6）時を表す言葉の後に打つ
　　例：6月12日、史上初の米朝首脳会談が行われた。
7）名詞や動詞に修飾語が2つ以上つくとき、それぞれの間に打つ
　　例：文字は、楷書で、きちんと、相手に読みやすいように書こう。
8）文・節・句・語などを並列的に並べるとき、それぞれの間に打つ
　　例：人は思想、信条、信仰によって差別されてはならない。
9）言い換えや説明のとき、その間に打つ（「つまり、すなわち」と同義）
　　例：夏の風物詩、神田明神祭の境内は多くの見物客であった。
10）強調するとき、強調語句の後に打つ
　　例：彼女が、史上初のトリプルアクセルを成功させたのです。
11）読点が連続して3つ以上続く場合
　　例：a、bとc　　　　a、b、cやd

「・」中ぐろ
1）名詞の並列、外国の固有名詞、日付や時刻の省略時に使う
　　例：経営資源は「ヒト・モノ・カネ」が必要である。
2）名詞化したもの、固有名詞には打たない
　　例：「WFP」「ILO」

「　」かぎかっこ
1）文章の会話部分
　　例：今朝部長から「今期の業績報告は本日の17時までに提出」と言われた。
2）注意を引くための語句を囲む（強調したい単語を包む）
　　例：17時からトランプ大統領の「記者会見」が急遽開かれた。

『 』二重かぎかっこ

1)「」の中で、さらに語句を引用する場合

例：「山田さんに『入社おめでとう』とメールで祝福した」

（ 　 ）かっこ

1）補足・補説・注釈に使う

例：負荷の力率（cos φ）が悪い　　円周率（π）を3で計算していた

2）フリガナの代わりに包む

（補足書き）は主語、述語の修飾、内容の補足に多用せよ

〔 　 〕つめかっこ

1）単位等を明確にするときに〔　〕を使用する。

例：12号台風の気圧は990 Pa〔パスカル〕であった。

（2）ひらがな書きの原則

1）本来の意味から離れて形式名詞として使う場合

物　　計画する<u>もの</u>がある。

事　　そんな<u>こと</u>

通り　次の<u>とおり</u>である。

見る　読んで<u>みる</u>

行く　向上して<u>いく</u>

所　　行った<u>ところ</u>

2）接続詞として使うとき（品詞による使い分け）

指示に従う。　　～　<u>したがって</u>、次のとおり変更した。

番地を書く。　　～<u>したところ</u>、条件を満足した。

経済効果は地方に及ぶ　～　施工計画<u>および</u>施工設備

3）接続詞は通常ひらがな

因みに　ちなみに、即ち　すなわち、又は　または

若しくは　もしくは、尚　なお、更に　さらに

及び　および、並びに　ならびに

4) 副詞も通常ひらがな
　たいへん、たくさん、せっかく、ずいぶん、さまざま
　いろいろ、およそ
5) 漢字で書く副詞もあります。
　最も、単に、決して、必ず、今後、再び
　依然、突然、結局、全然
6) 助動詞・助詞およびこれらに準ずる言葉もひらがな
　無い　ない、置く　おく
　様な　ような、如く　ごとく
　迄　まで、等　など
　共に　ともに、〜有る　ある
7) 送りがなの変化
　慣用名詞となっているものには、送りがなをつけない。
　書留、日付、申込、割合、受取、手当、小包
8)「ぢ」「づ」「じ」「ず」には決まりがあります。
　a　「ぢ」「づ」は、「じ」「ず」と書く
　　みづ（水）みず、まづ（先ず）、ふぢ（藤）ふじ
　　まづしい（貧しい）まずしい
　b　前の言葉との連合である場合は「ぢ・づ」と書く
　　間近……まぢか　　　　三日月……みかづき
　　勢いつく……勢いづく
　c　同音の繰り返し
　　つづく、ちぢむ、つづる、ちりぢり、つくづく
　d　連合語であっても、一語とみなせるものは「じ・ず」と書く。
　　さしずめ、おとずれる、町じゅう、なかんづく
9) 当て字に注意
　a　同訓異義語の間違い
　　現す－表す、上げる－揚げる、早い－速い
　　効く－利く、返る－還る、納める－修める

b　同音異義語の間違い

　　補償−保障、時期−時機、紹介−照会

　　解答−解答、絶対−絶体、伸長−深長

　　進行−侵攻、銘記—明記

c　当て字

　　一寸、一入、怪我、才月、45才位、肉身

d　その他

　1つの文章の中に同じ言葉を何回も使わない。

　「ため」「だが」「ので」「また」「しかし」「さらに」の乱用は避ける。

3　答案で避けたい表現

　受験申込書に記述する業務内容の詳細や、技術士第二次試験の解答論文では避けたい表現がありますので注意してください。

　避けたい表現として、「不快な表現」「評論家的表現」「不要な表現」「避けたい言葉」「責任逃れの表現」です。これらは、悪い印象を与えるだけでなく「独善で排他的」、「会社自慢や自己自慢」、「自己主張が強く」、「強調性や柔軟性」に欠ける表現と捉えられます。

　主役であるはずの解答者自身が、評論家では良い評価は得られません。

　なぜなら、技術士第二次試験は受験者の考え方を問う試験で、主体が受験者本人だからです。解答論文の主体は受験者本人であり、会社でもなければ、研究所でもないのです。このことを理解して記述します。

1　不快な表現の例

　不快な表現について、悪い例を次に示します。

・○○燃料はわが社の特許により開発されたものであり、この燃料の使用により航空機燃料の CO_2 排出削減に役立つものである。
・私の技術と努力によって開発した本技術は他ではまねのできない高度な技術です。
・本製品は、わが社で商品化したものであり、今後世界中で本商品により地球環境に大きく貢献できるものと考えています。
・私が考案した本システムは日本で最初のシステム技術である。
・彼が説明しているのは、テーマとまったく関係のない自分が発明考案した内容の詳細説明で自慢話です。

　技術士第二次試験の解答論文の主体は受験者です。会社、研究所でありません。

2　評論家的表現の例

評論家的表現について、悪い例を次に示します。
- 今後この技術は世界中で役立つものと考えている。
- 今回の製品開発は協力者の山田氏によるものが大きいと考える。
- 多くの方がご存知ですか〜。

3　不要な表現の例

不要な表現について、悪い例を次に示します。
- この技術は一般に自重落下方式、または発明者の名前をとって山田方式と呼ばれており……。
- 私はプロジェクトリーダーの指示によりこの仕事を遂行し……
- 本発明は協力者の山田氏のアドバイスによるところが大きい。

4　避けたい言葉の例

避けたい言葉について、悪い例を次に示します。
- 「必ず〜」は、必要以上に使わない
- 「〜を行う」という表現はなるべく使わない
- カッコは使用せず、カッコ内の内容は文中で示す
- 最後の言葉に「必要である」を何度も使用しない

5　責任逃れの例

責任逃れについて、悪い例を次に示します。
- 私は、工学部の出身なので、経営のことは素人であるが〜。
- 私は経済問題の評論家ではありませんが、〜。
- 事業資金に余裕がなかったので、これ以上開発を継続して調べることが〜。
- 多くの人に理解されていることですが〜。
- この内容は大変重要ですが、紙面の関係で割愛したい。

4　解答論文は図・表と数値で示す

　解答論文には、具体的内容や数値を記述し、内容によっては図や表を用い
て、解答することです。これにより提案や内容が、妥当か、現実的かを示すこ
とができます。受験者が記述した論文に、図・表と数値で示すことで具体的な
内容を示すことができます。

1　図・表と数値で示す

　図・表、実例、具体的内容や数値のない論文では、読み手である試験官は正
しい判断ができません。したがって、条件や数値が示せない論文では、試験官
は解決策の提案内容が本当に妥当か、現実的かは評価しません。

　したがって、図・表、実例、具体的内容や数値を示した論文は、試験官に正
しく判断してもらうために必要な情報の提供なのです。これができない論文は
正しく評価をしてもらえません。

　解答論文に図表を付記することより、図・表の効果は、何を言いたいのか理
解を早めることがでます。そして、文字にすると膨大な文字量を減らせます。
数値を示すことで、文字ばかりの論文に比べ、すっきりと見やすい論文になり
ます。

2　シンプルな図・表

　図・表はどのようなものがよいかといえば、シンプルな図・表で十分です。
精細で芸術品のような図・表を描いても特別点数が上がるわけではなく、試験
時では時間の無駄です。また、数値においても有効数字を適切に決めて記述す
ればよく、桁数を多くすればよいわけでありません。

　文字だけの論文は、理解しづらいので効果的な図や表・グラフ・フローチャ
ート・体系図・系統図を解答論文に入れましょう。

　図・表については事前に色んな図表を準備しいおくこともお勧めします。
図・表といっても、いきなり試験会場でひらめくものではありません。

　図・表は、メーカの Web サイト、専門雑誌、参考書、○○基本計画や○○

白書などを、日ごろから抽出してキーワードと一緒に覚えておくことをお勧めします。

　図・表を書く場合、タイトルは、図は下段に、表は上段に番号とともに付けることを忘れないでください。解答用紙に記述する図表の位置は、右端がふさわしい場所です。そして、解答論文の中で「図1に示す○○」と書くことです。

　図は下段に、表は上段に番号とタイトルを付けます。

　論文用紙の右側に配置した位置に図表を書く。以下に例を示します。

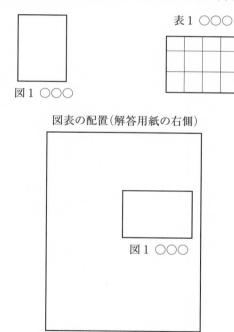

図1 ○○○

表1 ○○○

図表の配置(解答用紙の右側)

図1 ○○○

解答用紙

　図・表、実例、具体的内容や数値を示した論文は、技術士論文としてはお勧めのアイテムです。

3 章や節の見出し例

　見出しの表記として、章、節、項、小項、については統一的な原則はないようですが、一般的な附番は JIS Z 8301（規格票の様式及び作成方法）を参考にするとよいと思います。

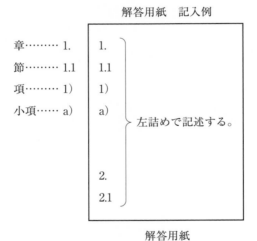

解答用紙　記入例

解答用紙

5 短い文での書き方

技術士論文は、自分の考えを伝え、試験官に正しく理解してもらうことです。これができると合格レベルです。

1 短文で記述した論文

それでは、誤解を与えない論文とはどのよう論文か。主語と述語で構成した短文で記述した論文です。具体的に、ひとつの文章を2行〜3行以内で書くことです。短文は、簡潔で文章にリズムが生まれ読みやすい文章といえます。

なぜ、短文にこだわるか、ご自身の経験を思い出してください。自分の意見や考え方を、相手に伝えようとすればするほど、文章は長くなり、その結果逆に分かりにくい文章となります。

すなわち、一度にあれもこれもと多くのことを伝えようとするからです。一文一意を守り、接続詞は出来るだけ使用せず、主語と述語を中心に説明する簡潔な文章を心がけてください。

2 無駄な修飾語がないか

技術士論文を書くときの心構えは、常に短くできないかを意識しながら書くことです。見直すポイントは、伝えたい内容は同じであっても、「別の表現」ができないか、「別の言葉」で言いかえができないかです。常に「無駄な修飾語がないか」を意識して見直してください。

3 文章を短く書く訓練

技術士解答論文では試験項目によって文字数が決められています。短文による効果は、説明する項目が増えて解答の内容が充実します。冗長な文は、説明項目も少なくなり、解答の内容として貧弱なものになってしまいます。だから、短文にて作成した文章を心がけてほしいのです。

　短文の文章に慣れるには、日頃から文章を短く書く訓練がよいと思います。業務日誌、業務報告、議事録など、毎日書くものを積極的に作成し、短文に慣れるとともに文書能力を向上させてください。技術報告書や研究報告書、技術提案などについても同じ心構えで書いてほしいのです。

4　一文一意な文章

　技術士の試験対策と業務は別物でなく、業務の延長線上に試験対策があると考えて取り組んでください。一文に複数の情報が詰まっているので読みにくい文の例です。

悪い例	新製品のサイクロン掃除機はセールスが好調で、掃除機部門の売り上げ目標を達成できたが、生産ラインがトラブルに見舞われ、送風機部門は目標を達成できなかった。
良い例	新製品のサイクロン掃除機はセールスが好調だったため、掃除機部門の目標を達成できた。しかし、送風機部門については、生産ラインがトラブルに見舞われた結果、目標は達成できなかった。

　良い例では、一文一意とし、2つに分けたことで読みやすくなりました。
　見直しのポイントとしては、自問自答して「一言で言えば」どうなるかを自分で答えてください。このように意識して文章を作成すると文章は短くできます。短文で書くことにより、文章が分かりやすくスッキリします。

6　論文作成の基本

　技術士の論文は、試験官が評価します。自分がよく書けたと思っても試験官の評価によっては良い結果は得られません。したがって、論文の作成の基本を身につけなくてはなりません。論文作成には「知識力」「技術力」「思考力」「記述力」4つの力が必要です。

1　知識力

　知識力とは、論文に関する知識です。出題された設問に対して、明確で誤解なく相手に伝える文章は、設問に対する応える豊富な知識力があればより良い文章となります。

2　技術力

　技術力とは、論文を書く技術です。問題文に沿って、文章をつくり出す作業のなかで状況に応じてどのような内容と構成かを理解することです。技術力を身に着けていれば効果的な良い文章を書くことができます。

3　思考力

　思考力とは、課題や問題から投げかけられた事柄に対して、考え方を充実させるのが思考力です。理論と経験を生かし、物事の本質に切り込み、分かりやすく理解される文書を作成することです。

4　記述力

　現在はパソコンやスマートフォンの時代です。したがって、現在人の不得意となっているのが手書きによる記述力です。文章を書く知識、技術、思考を持っていても、手書きの論文を書く場合、漢字ひとつが思い出せないとよい評価は得られません。文章を書く記述力がなければ解答論文は書けません。

5 論文内容と構成とは

これは技術士解答論文が、どのような内容と文書構成をもっていればよいか
を知っておくべき重要な知識です。前章で述べたテンプレートの例です。

<u>解答への文書構成</u>　　<u>解答しなくてはならない項目</u>

質問の内容	何を問われているのかを示す。
結論を要約して書く	問われた結果の考え方を示す。
根拠や理由を書く	結論の根拠となる考え方を示す。
結論を書く	だから結論であると示す。

6 論文を書く手順とは

一般の論文でなく技術士解答論文であり、書き方は特定できますのでここで
は、解答論文中心に説明しましょう。

文章づくりは、以下の一般的なステップと解答論文の書き方となります。

「主題」（問題によってキーワードを決められます）
↓
「アウトライン」（書く内容は問題から求められる筋道となります）
↓
「書く材料」（技術内容そのものでありキーワード内容となります）

このように解答論文を作成する場合、キーワードの持つ意味が重要です。し
かも、これらは中途半端な記憶では文章を作成できません。キーワードについ
てポイントをまとめます。

1. キーワードシート 300 個を作成して覚える。
2. キーワードの収集は、過去問題と最新技術動向からキーワードシート作成する。
3. 過去問題のキーワードは、どの専門技術の分野から出題されているか対策を検討する。
4. キーワードは常に持ち歩き隙間時間を活用して覚える。自分の声をボイスメモに録音して聞く。

7 基本的な良い文章 5W3H

論文を書くためには、一般的によく知られている 5W3H を含めた内容の文章でないと評価してもらえません。文章を書くには一般に条件を知らなくてはなりません。技術士第二次試験の問題は、各種条件をもとに、出題されています。この条件を無視した論文では良い評価は得られません。

1. （What）　　　項目・何を書くのか、何について書くのか。
2. （When）　　　時間・いつ書くのか、いつまでに書くのか。
3. （Why）　　　理由・なぜ書かくのでしょうか、どうして書くのでしょうか。
4. （Where）　　場所・どこで書くのか、どこまで書くのでしょうか。
5. （Who）　　　人・だれが書くのか、だれと書くのか。
6. （How to）　　手法・どのように書くのか、どのような方法で書くのか。
7. （How much）　数値・いくら書くのか、どれくらい書くのか。
8. （How many）　数量・いくつ書くのか、人やモノの数を尋ねる。

上記の 7 の How much と 8 の How many は、問題によって使用しない場合があります。

8　文章の文脈の良い文章

　文脈がつながっていることが分かりやすい論文となります。内容に矛盾があると伝わりません。矛盾があると論理的でない文となり、納得が得られません。

　論理的とは、「文脈が明確で矛盾がないこと」です。文脈が見えるようにするには「なぜ、そうなるか」という理由を明確にすることが不可欠です。また、その理由には矛盾がなく、納得できる内容であることも必要です。

　したがって、一般には以下のステップとなります。

> 結論や原因はこうです
> ↓
> なぜなら・根拠は
> ↓
> だから結論の理由は

　上記のステップを理解し、記述する際はこれらの内容を頭に入れて、解答論文を作成しましょう。

　論理的な書き方として、原因や結果をはっきりさせなければならないものがあります。以下の事例で説明します。

> 　事例：子供の体力低下は、子供を取り巻く環境が原因です。その要因には次のことに関わっていると専門家はみています。生活が便利になり日常体を動かすことが減少した。子供の屋外での遊ぶ仲間、屋外での遊ぶ場所そして遊ぶ時間が減少した。積極的にスポーツをさせる重要性を保護者が軽視している。これらにより、子供を取り巻く環境が子供の体力低下を招いた。

　1行目に、子供の体力低下の原因は子供を取り巻く環境としています。次に、原因を立証する説明がされており、子供たちの生活が便利になったこと、

屋外で遊ぶ仲間、遊ぶ場所、遊ぶ時間の減少と、保護者もスポーツの常用性の軽視を挙げています。その結果、子供たちを取り巻く環境が原因と説明しています。

　一般的な書き方として、原因を説明する場合でも、結果を説明する場合でも、原因→結果の順で説明するのが普通です。この場合の文書の構成は、疑問になっている問題点の概要を述べています。

　この例では、環境が原因と言い切っていますので分かりやすい文章です。疑問なのか、結果なのかをはっきりしておくことが大事です。この場合、文部科学省のデータからの専門家の意見としての発言であり、大きな誤りはないと思います。

7　高得点を得る論文構成

　合格レベルの論文を書くためには、解答に必要な技術的な知識と、読み手に誤解を与えない論文を作成することです。

　解答論文であることから、技術的知識は大切です。加えて論文作成の書き方についても加点が得られる書き方が必要です。

1　高得点を得るために必要なこと

　次は高得点を得るために必要なことを以下にまとめてみました。

1) 記述する技術的提案は一般論ではなく、経験に基づくあなたの考え方であり、あなたの技術的提案です。
2) 結論の要約は先に行い、その後になぜこれが結論なのか、あなたの思考のプロセスを論理的に説明します。
3) 試験官や読み手はあなたと同じ技術レベルではありません。平易な文章で略字の多用は避けましょう。解答論文であれば専門用語を使用します。
4) 試験官や読み手に説明する場合は、全体像を示し以降は順次細部を説明することです。
5) 試験官や読み手が理解しやすくするために、文字のみの説明でなく実例、数値、図や表を用いて分かりやすくすることです。

2　具体的な展開法

　「問題解決と課題遂行能力を解答するステップ」

　問題に対して現状分析 ⇒ 課題抽出 ⇒ 実現可能な解決策 ⇒ 効果・リスクのステップにて論文構成します。

設問　○○について現状の課題を2つ挙げ、そのうち最も重要と考える解決策をひとつあげ、解決策より得られる効果とそのリスクを述べよ。

1. ○○現状について
2. ○○における課題を2件
3. 最も重要と考える解決策とその理由
4. 解決策得られる効果とリスク

もう一度、技術士の解答論文とは、どのような論文かをまとめてみましょう。

1. 単なる技術論文ではない
　解答論文は、事実と技術的体験を中心とし、課題と実現可能な遂行方策を示した論文です。研究発表論文のような難しい計算式や論理式を並べた論文ではありません。感想文のようなビッグプロジェクトや困難な業務を行ったかではなく、説明文や発明考案などの内容の文章でもありません。

2. 技術士にふさわしい論文とは
　1) 課題の検討……問題をどのように考え、どのような解決策で成果を得たか。
　2) 思考プロセスを重視した内容……なぜそのように考えたかを順序良く述べる。
　3) クライアントに理解される内容……事実や実例で納得を得る情報を示し、英語、略語を多用するのではなく、平易で分かりやすい言葉で表現する。

3. 文章を書き終えたら前述の5W3Hを確認することが効果的です。
　一般的な5W1Hに加え技術的な内容に仕上げるのであれば、更に2Hを加えることで、効果的な文章となりクライアント思考で作成できます。
　　How much（いくら）……数値的要求を満足した範囲で書く。
　　How many（いくつ）……全体をまとめて評価して書く。

3　高得点論文への書き方事例

　高得点が得られる論文は、一般論でなく、現実的で実現可能な解答論文です。

　令和3年度建設部門（土質及び基礎）　Ⅲ選択科目の問題です。

Ⅲ－1　近年わが国においては環境危機が深刻化しており、地球温暖化の進行に伴う海面水位の上昇、降雨の強度・頻度の増加などによる災害の頻発・激甚化のリスクが増加している。さらに、大量の資源・エネルギー消費から、自然との関わり方や安全・安心の視点を含めて、持続可能でよりよい社会の実現を目指す方向へと価値観や意識の変化が生じており、温室効果ガス排出量の削減や建設副産物の削減など環境問題に対応した社会資本の整備が望まれている。

　このような背景の中、土質及び基礎を専門とする技術者の立場から以下の設問に答えよ。

（1）新たに地盤構造物（盛土、切土、擁壁、構造物基礎等）を建設する際、環境問題に対応した新技術の開発・導入の推進に関して、技術面・制度面など多面的な観点から3つ課題を抽出し、それぞれの観点を明記したうえで、課題の内容を示せ。

（2）前問（1）で抽出した課題のうち最も重要と考える課題を1つ挙げ、その課題に対する複数の解決策を示せ。

（3）前問（2）で提示したすべての解決策を実行しても新たに生じうるリスクとそれへの対策について、専門技術を踏まえた考えを示せ。

　本問題に対して設問（1）の解答を解答用紙1枚で書く事例を以下に示します。

1）設問から読み取った小見出しを決める。
2）多面的な観点を3つ挙げる（なぜ、その観点としたのかという「視点」をいれて書くとよい）。

3）箇条書きで、文章は長くならないように（体言止めでもよい）。

4）「問題」を具体的に明らかにして「課題」を明示する思考プロセスで考えを述べる。

5）行変えをして適度に空白を入れて見やすくする。

1.　環境問題に対応した新技術の開発・導入課題←小見出し

　現在の問題は環境問題に対応した新技術の開発・導入が依然不十分であること。地盤構造物を建設する企業の経営資源の<u>視点</u>から、「ヒト（人材）」「モノ（技術）」「コスト（費用）」の<u>観点</u>で課題を示す。←視点を踏まえた３つ観点を明示。

観点１：環境問題対応の新技術の専門人材確保・育成←行変えと適度な空白

　我が国は人口減少が予想され、超高齢化社会が顕著。建設業はベテランの退職や若者の建設業離れで人手不足が顕著。環境問題に対応した新技術の専門知識や取組み実績を持つ人材は少ない。地方自治体や中小企業は人手不足で環境問題対応新技術の開発・導入用の人材を確保できない。いかにして環境問題に対応する新技術の開発・導入推進を図るための専門人材を確保・育成するかが課題。

観点２：既存技術の活用による新技術の開発・導入

　環境問題に対応する新技術が未だに少ない。新たに一から新技術を開発・導入するには多大な労力・コスト・時間が必要。地球温暖化に伴う気候変動により更なる自然災害の激甚化が懸念され、早期に環境問題に対応した新技術の開発・導入が求められている。いかにして既存技術を活用し、効率的に環境問題に対応する新技術を開発・導入推進を図るかが課題。

観点３：環境問題新技術の導入コストの低減

　地方自治体は人口減少による税収減少が顕著。新型コロナ感染症対策により財政がさらに悪化。環境問題に対応した新技術の開発・導入推進には新たに建設機械・測定器具が必要で、その導入費用は高額。中小規模の工事現場では新技術の導入コストが高いため、採算性の問題で新技術の導入を見送る場合が多い。いかに新技術の導入コストを低減させて環境問題対応の新技術の開発・導入推進を図るかが課題。

8　推敲でさらに高得点

　解答論文を一度書き終えたら必ず推敲の作業を行ってください。1回で書き
あげたままではどうしても欠点があります。文章の書きなれている方でも間違
いはあります。逆に言うなら、文章の上手な人は推敲する人だと言ってよいで
しょう。試験中には以下の観点で推敲を必ず行うことです。推敲を行うことに
より、少しの見直しが大きな効果をもたらすことがあります。

1　解答のキーワードは適切か

1) 設問から求められているキーワードですか。
2) キーワードの内容は試験官が知りたい内容ですか。
3) キーワードは価値ある内容ですか。

2　設問のキーワードと条件に合っているか

1) 問題を読むと必ずキーワードと条件で解答を求めています。
2) 試験官に分かりやすく設問と解答内容が一致している内容ですか。
3) 聞かれていない解答はしていませんか。
4) 事実と意見が区別されて書かれていますか。

3　設問の書き方の指示にあっているか

1) 説明か、論述か、考え方を説明するのかを正しく書かれていますか。
2) 結論の要約を早い段階で述べ、最後に結論の根拠を説明していますか。
3) 課題・問題・解決策・効果・リスクの内容が統一していますか。
4) 文頭と文末では同一の内容になっていますか。

4　文章の章・段落は分かりやすく、設問にあっているか

1) 設問に忠実な章立てが行われていますか。
2) 章立てと段落の関係は適切に行われていますか。
3) 分かりやすいトピックセンテンスが分かりやすい位置にありますか。

4）主題に無関係な文が混じっていませんか。（統一性）
5）文と文とは互いに論理的に明確な関連がありますか。（緊密性）

　この他に、誤字・脱字はないか、文体の「である調」と「ですます調」の統一確認、句読点は正しく打たれているかなど形式面での確認項目もあります。

　試験問題では自分が行うしかありません。日頃から推敲により論文の内容充実を心掛けてください。

　一般の技術論文では、友達や家族など、職場の人の目で文章を見てもらうことも非常に効果があります。専門的なものでも、素朴な疑問が出されたり、自分でも気づかない、自分特有の言いまわしや誤解される文章を指摘してもらえたりすることが多いものです。良い論文に仕上げるには、推敲が欠かせません。

第 4 章
過去問題分析によるキーワード学習の重要性

　本章では、3つの技術部門（建設 機械 電気電子）の過去の問題文からキーワードを抽出し、キーワードがどのような内容か、どのようなカテゴリーの傾向か等、過去問題からキーワードを分析した結果を載せています。

　これにより、今後の試験にどのようなキーワードを覚えれば良いのかを理解し準備して頂きたいと考えています。

　キーワードの理解量は多ければ多いほど合格確率は増しますが、出題されないようなキーワードを覚えても効果的ではありません。

　したがって、過去問題から抽出したキーワードから今後を推測し、内容の充実したキーワード学習はもっとも効果的な技術士二次試験対策になるものと考えます。

　なお、今回事例として3部門を示しましたが、他部門についても同様の考え方でキーワード分析を行えば対応は可能です。

1　過去問題分析の概要

　建設 機械 電気電子の3部門で説明します。

　過去問題の分析は選択科目Ⅲの平成28年度から令和3年度の6年間とし、キーワードと絞り込み条件のキーワードについて一覧にしています。

　過去問題分析は選択科目Ⅲのものを使用し、筆記試験で実績があります。過去問題は今後の出題の方向性を示していますので、事前に確認することは大切な準備と考えます。

　ただし、過去と同じ問題は出題されませんので、分析した後は自分自身で社会情勢、技術動向、技術的な話題や政府の取組など技術部門での注力点など加味した対策を考えて、このサンプルシートを活用して準備してください。過去問題分析シートのサンプルとして、p.134からp.179に平成28年度から令和3年度のキーワードと絞り込み条件を一覧にしてみました。

1　建設部門の分析結果　（選択科目ごとの詳細は p.134 から p.139）

---

(1) 出題は専門分野の技術・・・専門部門の技術士として知っておくべき技術。

(2) インフラ老朽化対策・・・大半が維持管理についての、予防保全、サイクル、効率的な実施、更新計画、長寿命化計画、PDCA実施、戦略的メンテナンスサイクルの考え方等。

(3) 国の政策問題・・・「国土強靭化基本計画」・「国土のグランドデザイン2050」・「インフラ長寿命化基本計画」、「戦略的イノベーション創造プログラム（SIP）」、「都市再生特別措置法に基づく立地適正化計画」、「市街化区域内農地の保全及び活用（研究）」、「東日本大震災や大規模な市街地火災発生後の被災地の復興まちづくり計画」、「ICTの全面的活用（ICT土工）」、「改正都市再生特別措置法」、「第5次社会資本整備計画」、「第4期国土交通省技術基本計画」その他多数。

(4) 自然災害・・・地震・豪雨に対する専門分野での対策の他、減災・

防災技術、水災害対策と安全性機能、地域コミュニティ強化のソフト対策、重要インフラの機能維持、人的・社会的被害を最小化、気候変動を踏まえた流域治水計画等。

(5) 社会問題・・・少子高齢化、人口減少、技術継承、労働力不足の要因と社会的背景、構造物の各段階での品質確保、人材確保・育成の検討、労働災害や公衆災害を防止等。

(6) その他・・・・港湾・空港や電力土木部門では海外展開の問題建設DX やカーボンニュートラル、ニューノーマルに対応した都市政策等も近年では出題されています。

2 機械部門の分析結果 （選択科目ごとの詳細は p.154 から p.159）

(1) 出題は専門分野の技術・・・当然ながら専門部門の技術士として知っておくべき技術。

(2) 社会現象・・・介護機器、持続可能なモノ作り、高齢化、後継者不足、海外移転、ロボット技術の活用。生産システムの BCP 計画、サプライチェーンの情報共有など。

(3) 機械製品共通・・・人工知能、IoT とインターネット、CAE、製品競争力、海外製造に関する問題、AI 活用した機械設計プロセス、国内規格と国際標準化、測定困難な場合性能評価法、自動車の技術革新の重要技術、モビリティサービス、製品の軽量化、材料強度技術、シミュレーション解析、ロボット活用した製造ライン、自動組み立て技術、スマート工場、燃料転換、モデルベースのシステム開発、3D プリンタ、モデルベース開発など。

(4) その他・・・品質管理や不具合原因究明と再発防止、再生可能エネルギー、ロードマップ展開、自然災害・コスト縮減策、生産性向上、事故防止策、調査、維持管理、設備の老朽化対策など。

3　電気電子部門の分析結果　（選択科目ごとの詳細は p.170 から p.175）

(1) 出題は専門分野の技術・・・当然ながら専門部門の技術士として知っておくべき技術。

　　電気電子部門の専門科目のキーワードは当該部門のものが多数です。

(2) 社会現象・・・インフラ維持・長寿命化、少子高齢化により人材確保、装着不要のシステム構築、老朽化による更新、非常用電源の活用、パワースーツ応用、EV の普及拡大、BCP 計画等。

(3) 電気電子共通・・・運転自動化の実現、NW システムと IoT、センサーネットワーク、センサーネットワーク応用例、AI を用いた業務開発、ユニバーサルデザインのシステム、センシング技術、工場省エネ化、送配電ロスの低減、分散型エネルギー、小型電動モビリティ、照明の視環境改善、街路照明と景観照明、エネルギーネットワークの事業化等。

(4) その他・・・自然災害・コスト縮減策、生産性向上、事故防止策、調査、維持管理等。

電力エネルギーについては専門科目内の問題で占められています。

2−1　建設部門の過去問題　平成28年度〜令和3年度
選択科目Ⅲでのキーワードと絞り込み条件

建設部門　Ⅲ選択科目　　　　　　　　　　　　　　上段がキーワード、下段が絞り込み条件

NO	選択科目	H 28 選択科目Ⅲの出題	
		Ⅲ−1	Ⅲ−2
1	土質及び基礎	地盤構造物の品質確保	ICT 利用
		地盤構造物の不均一性・不確実性不具合	調査・設計・施工・維持管理での活用法
2	鋼構造及びコンクリート（鋼構造）	インフラ老朽化（国土交通省インフラ長寿命化計画）	インフラの海外展開
		建設分野でのライフラインコストの縮減と長寿命化の課題	グローバル競争強化に向けた戦略的取り組み
	鋼構造及びコンクリート（コンクリート）	品質確保	地球温暖化
		コンクリート構造物の品質確保	コンクリート構造物の建設から解体までの CO2 削減
3	都市及び地方計画	立地適正化計画・コンパクトシティ	空き家対策
		都市計画を健康寿命の延伸の視点からのコンパクト化	空き家増加での顕在化している又は顕在化が見込まれる課題
4	河川、砂防及び海岸・海洋	ICT による生産性向上	巨大自然災害
		ICT 技術適用の社会的背景と導入によるメリット	近年発生した自然災害の事例から事象と課題
5	港湾及び空港	東・東南アジアの国際輸送	インフラ老朽化
		港湾・空港に大きな影響を与えた10年程度の顕著な変化	当該施設の「改良・更新等計画」実施すべき手順と項目
6	電力土木	自然災害	インフラ老朽化（アルカリシリカ反応）
		電力土木施設に甚大な被害をもたらす恐れの有る自然事象のリスク	ダム・水路・発電所・港湾等から ASR 把握する点検・劣化調査方法
7	道路	インフラ老朽化	事業評価
		道路構造物の維持・修繕のメンテナンスサイクルの考え方	道路事業の各段階での事業評価（効果と評価手法）
8	鉄道	鉄道駅の役割・機能	鉄道の安全・安定輸送
		我が国の社会経済環境の変化と鉄道駅に期待される機能と役割	鉄道営業線に近接した工事や保守作業での事故輸送障害の要因
9	トンネル	自然災害	品質確保
		トンネルなど地下構造物の防災減災に検討すべき課題	建設構造物の品質確保で調査・設計・施工の各段階検討すべき課題
10	施工計画、施工設備及び積算	品質確保	建設工事の不正事案
		技術者、労働者不足を生じる要因と伴って発生する施工での課題	不正事案の背景にある要因と対策
11	建設環境	地球温暖化（IPCC 第5次報告書）	東日本大震災復興基本法
		気候変動により想定される環境への悪影響とその適応策	大規模津波災害からの復興事業で自然環境への配慮を行う意義と内容

上段がキーワード、下段が絞り込み条件

H 29 選択科目Ⅲの出題	
Ⅲ－1	Ⅲ－2
地盤構造物	巨大自然災害
設備の健全性確保や維持管理・更新の効率化生産性向上の技術	地盤災害を念頭に安全安心な社会整備
ICT 利用（i-Construction）	巨大自然災害
建設分野の生産性向上への取組	自然災害に対する社会資本の防災減災対策
生産性向上と品質確保	インフラの維持管理
コンクリート構造物の建設現場の生産性向上	コンクリート構造物の維持管理の効率的な実施
都市再生特別措置法に基づく立地適正化計画	市街化区域内農地の保全及び活用
当該地方都市の現状から想定される課題	市街化区域内農地の保全及び活用が求められる背景と取り組む効果
既存ストックの有効活用	働き手の確保と生産性の向上
当該分野での既存ストックの有効活用の取組	当該分野での働き手確保が困難により生じる具体例
コンセッション（民営化）	国土強靱化
当該施設の民営化の背景と民営化のメリット	当該施設での「起きてはならない最悪の事態」の回避策
電力土木施設の維持管理（変状の計測と安全性の的確な評価）	発電所のリプレース計画
変状等に対する初期対応、計測管理と変状予測の方法	発電所更新や改造の内容と実施時に想定される課題
高速道路の暫定 2 車線で整備	巨大自然災害
高速道路の車線数の現状と暫定 2 車線による整備された背景	地震災害における緊急輸送道路の役割と指定に当たっての考え方
巨大自然災害（降雨）	巨大自然災害（地震）
降雨時の鉄道施設の直接的な被害を防止するハード対策	新線建設または既存路線での地震防災・減災対策上考慮すべき項目
建設副産物対策	技能労働者不足（労働環境の改善や生産性の向上）
低炭素社会・自然共生社会の構築に必要な対応策と具体例	建設業の人材確保・育成の検討すべき課題
民間の契約方式	働き方の改善と i-Construction
社会資本整備に当たっての民間活用による契約方式の内容特徴効果	建設業が抱える慢性的な課題とその背景
生態系ネットワーク	社会インフラを活用した再生可能エネルギー
生態系ネットワーク形成によりもたらされる効果と内容	再生可能エネルギーの利活用の推進とその意義と社会的背景

建設部門　Ⅲ選択科目　　　　　　　　　　　　　上段がキーワード、下段が絞り込み条件

NO	選択科目	H 30 選択科目Ⅲの出題	
		Ⅲ-1	Ⅲ-2
1	土質及び基礎	地盤構造物の品質確保	巨大自然災害
		調査・設計・施工・維持管理の各段階での品質確保技術	災害の内激甚災害の特徴と被災形態
2	鋼構造及びコンクリート（鋼構造）	インフラ老朽化（戦略的イノベーション創造プログラム SIP）	巨大自然災害
		鋼構造物を維持管理の情報化取組	「想定外」が問題となる事象が抱える問題点
	鋼構造及びコンクリート（コンクリート）	自然災害の頻発化（防災・減災）	生産性向上
		防災・減災の対策と検討すべき項目	コンクリート構造物の建設での生産性向上
3	都市及び地方計画	都市のスポンジ化	大規模な市街地火災発生後の被災地の復興まちづくり計画策定
		スポンジ化が進む背景とそのような地域が持つ課題	復興まちづくり計画策定する上での検討すべき街づくり上の課題
4	河川、砂防及び海岸・海洋	ICT 利用	災害に強い地域
		ICT 活用事例として近年実用化された技術と活用事例	地域コミュニティ強化のソフト対策の取組の具体的な対策例
5	港湾及び空港	社会全体の生産性向上	港湾・空港施設の工事における受注者側責任者のケーススタディ
		ストック効果の高い社会資本整備活用の社会的な背景	工事進捗が遅延し、遅れの挽回で考えられる方策
6	電力土木	インフラ老朽化	社会的な信用失墜事象（品質管理、コンプライアンス）
		維持管理する上でのあなたが課題と考える経年劣化事象と劣化要因	当該施設の品質管理やコンプライアンス違反の具体的な事象と影響
7	道路	高速道路の物流機能	積雪対策
		高速道路が物流に果たす役割と効果	都市高速道路の積雪に伴う長時間の交通止めの原因
8	鉄道	鉄道駅の役割・機能	インフラ老朽化（維持管理の中長期計画）
		駅及び周辺が抱える施設面の課題と整備計画	維持管理が困難になりつつある背景と維持管理の中長期計画の立案
9	トンネル	社会資本整備の4つの構造的課題	工事現場周辺地域の環境保全あるいは環境影響低減
		提案されている課題の解決策	工事着手前の環境保全計画時の重要な調査事項と留意点
10	施工計画、施工設備及び積算	建設業の労働災害	生産性向上
		労働災害の発生頻度の高い事故の内容と要因作業環境の特徴	建設分野での生産性向上効果とその概要
11	建設環境	グリーンインフラ	持続可能な都市
		人工構造物のインフラとグリーンインフラを組合わせた防災、減災の取組	環境負荷の小さな都市を実現、環境負荷の小さな都市を目指す課題

上段がキーワード、下段が絞り込み条件

R1 選択科目Ⅲの出題	
Ⅲ－1	Ⅲ－2
地盤構造物	地盤
点検・維持管理	不確実性のリスク低減
鋼構造物の工場製作又は架設（建て方）	構造安全性を損なう劣化・損傷
労働災害の防止対策	速やかで適切な補修・補強策や再発防止策
質の高いインフラシステムの海外展開	コンクリート構造物における二酸化炭素等の温室効果ガス排出削減
コンクリート技術者としての海外インフラ整備	企画・設計・施工・維持管理・更新に至るまでの温室効果削減
都市のスポンジ化対策	人口減少・少子高齢化
地区レベルでのスポンジ化対策	都市の持続的経営を目的として都市構造の再編
自然災害時に防災	豪雨等の近年の災害
重要インフラの機能維持に必要と考えられる対策	人的被害や社会経済被害を最小化の対策
港湾及び空港のインフラシステム輸出	港湾又は空港の施設についてライフサイクルコスト
多様な効果を発揮するための課題	ライフサイクルコスト縮減の課題
電力土木施設の機能	電力土木施設に係る業務
機能を確実に発揮し続けるための課題	業務の適切な実施に当たって、技術継承に関する課題
平時の交通処理能力	道路橋の定期点検
平時を上回る 2020 年オリパラ大会期間中の交通需要に対しての課題	二巡目となる道路橋の定期点検を実施するに当たっての課題
鉄道利用者の多様化	地方鉄道の持続的な運営
利用者の多様化する中で都市鉄道における施設整備のあり方	地方鉄道持続的運営と施設の維持管理
地山の崩落等の災害防止	トンネルの公共性、公益性確保
重大な労働災害や公衆災害を防止するための課題	トンネルの安全性、公益性、品質を適切に確保すための課題
技能労働者	建設リサイクル
労働条件及び労働環境の改善、それに必要な費用の確保の課題	建設リサイクルの推進の取組に関する課題
社会資本整備事業	ある都市で緑・農が共生するまちづくり
生物多様性の保全、再生等の取組を行うに当たっての課題	緑地と農地が共生するまちづくりの検討を実施するに当たっての課題

上段がキーワード、下段が絞り込み条件

NO	選択科目	R2 選択科目Ⅲの出題	
		Ⅲ－1	Ⅲ－2
1	土質及び基礎	地盤構造物の指数を踏まえた工CT技術活用	大規模な自然災害へのハードとソフトの一体的な対策立案
		地盤構造物の効率的・効果的な維持管理にむけた対応、建設プロセスにICT技術を導入	地盤構造物の特徴を踏まえた効率的・効果的な対策の推進
2	鋼構造及びコンクリート	BIM／CIM活用による生産性向上	性能規定化の推進
		建設生産・管理システム全体の効率化・高度化を図る	鋼構造又はコンクリートの設計・施工における取り組み
3	都市及び地方計画	グリーンインフラ活用	広場や歩行空間整備、管理運営する事業
		まちづくりの様々な場面でグリーンインフラ活用を想定する	地方公共団体と連携、土地所有者等で構成されるコミュニティ組織による空閑地や空き家活用
4	河川、砂防及び海岸・海洋	データプラットフォームの実現	流砂系としての持続可能な土砂管理の取り組み実現
		ICTを調査・観測に活用していく	気候変動の進展による海面水位上昇を考慮した総合的な土砂管理の取り組み
5	港湾及び空港	国際ゲートウェイである港湾及び空港の役割	工事における安全性向上や安全管理の取り組み
		明日の日本を支える観光ビジョンの実現、訪日旅行の振興による国民経済的便益の増大	港湾及び空港の整備工事実施における担い手不足の中での生産性向上や働き方改革
6	電力土木	自然・社会環境に影響を及ぼす事象	公衆災害リスクへの対応策の立案
		電力施設の円滑な計画、建設、運用に支障を生じさせる恐れがある、環境への負荷低減	最大限想定される自然事象に対する安全性の検討、安全性が確保されてなくても運転継続すると仮定
7	道路	自転車活用の推進と解決されること	激甚化・頻発化する災害に備える道路の役割
		自転車道の整備と利用増進、自動車への依存度低減、交通事故防止対策	発災時の救命救急・復旧活動や広域的な物資の輸送等への貢献
8	鉄道	鉄道施設の強化	定時性の低下問題に対応した施設改良
		多発する水害に対して、既存鉄道の安全・安定輸送を確保する	ラッシュ時の慢性的な遅延の発生や人身事故等による輸送障害の発生に起因する問題
9	トンネル	トンネル築造施工計画における補助工法の要否判断	供用開始後の地山や地下水の状態変化により発生する変状対策
		リスクを考慮、安全性、公益性及び品質の確保、トンネル工法を1つ示す	補強、補修が必要となるような変状発生、地震動に起因する変状は除く、トンネル工法を1つ示す
10	施工計画、施工設備及び積算	インフラの維持管理・更新	公共工事での適正な下請契約締結
		過疎化が進行しつつある地域、今後の地域社会の維持・継続が困難になる事態が多数発生	品確法、工事の担い手の育成・確保、労働条件の改善
11	建設環境	都市のヒートアイランド現象防止対策	グリーンインフラの取組検討プロセス
		ヒートアイランド現象の原因、早急な対策	グリーンインフラの特徴と意義を踏まえる

上段がキーワード、下段が絞り込み条件

| R3 選択科目Ⅲ出題 ||
Ⅲ－1	Ⅲ－2
新技術の開発・導入	老朽化した地盤構造物の維持管理
新たに地盤構造物（盛土、切土、擁壁、構造物基礎等）を建設する際の環境問題への対応	災害リスクを踏まえた維持管理、構造物群のアセットマネジメント含む
新材料・新工法の適用	予防保全型メンテナンスの推進
建設・維持管理の現場における活用	持続可能なメンテナンスサイクルの実現、新しいメンテナンス手法の導入やシナリオの転換
今後の都市政策の検討、新しい生活様式の実践	地域活性化に寄与する観光資源活用事業
コロナ危機を契機として生じた変化や改めて顕在化したこと、人々の行動様式・意識の変化、デジタル化の進展	地方都市、民間企業が所有できなくなった建築物と庭園が一体となった歴史的資産の活用
水防災分野における作業の遠隔化の取り組み推進	多様なセンシング情報の効果的な組み合わせ
水防災分野での建設生産プロセス全体で推進、水防災対策施設の有する特性をふまえた取り組み	巨大地震の発生で水防災対策施設が広域で被害を受けた場合の的確な緊急対応、事前想定及び即時推定の結果に基づいた活用
地方の経済活性化への貢献	脱炭素化の取組推進
物流拠点としての港湾及び空港、農産品やその加工品の輸出拡大に向けた取り組みを支える	港湾及び空港が供用段階での機能を果たす中、立地特性や機能の高度化・効率化に配慮する
将来の電力土木技術者の人材育成	電力土木施設の維持管理及び運用の実施
取り巻く環境の変化で電力土木技術者に期待される役割	近接して計画された他事業を明記、他事業の計画申し入れから他事業完了以後において必要な対応
大規模な車両滞留発生の防止	高速道路の暫定 2 車線対応
大雪や短期間の集中的な降雪に伴う対応	高速道路をより効率的、効果的に活用していく
鉄道工事における作業時間を確保する方策	列車脱線事故の防止推進
鉄道サービスや保守の効率化、鉄道事業者の運行形態や保守体制、工事での働き方改革	厳しい経営環境にある地域鉄道での取組
山岳トンネル建設の安全性・公益性及び品質確保に配慮した業務遂行	都市部トンネル要求性能のうち使用性の保持
山岳部のトンネル建設時に遭遇する特殊地山を 2 つ挙げる、多種多様なリスク潜在を考慮	長期供用するためのリスク抽出、リスク低減方策検討、開削工法かシールド工法のいずれかを明記
工事従事者の週休二日実現	公共工事が適正な額で応礼・落札されるための対応
週休二日を実現するための施工計画策定	不調・不落対策、ダンピング受注防止
生態系ネットワーク形成の取組み推進	低炭素型・脱炭素型のまちづくり実現
生態系ネットワークの空間配置の基本的考え方	地方都市、市街地拡散や人口密度低下による「交通」「エネルギー」「みどり」の 3 分野で必要な対策

139

２－２　建設部門の過去問題分析の重要性について選択科目Ⅲでの検討

　それでは、具体的に専門科目ごとに平成28年度～令和3年度までの6年間のキーワードを見てみましょう。（H・・・平成　R・・・令和）

1　土質及び基礎〈9-1〉　年度ごとの分類

> H28年度は、地盤構造物の品質確保①・ICT利用④
> H29年度は、地盤構造物①・巨大自然災害③
> H30年度は、地盤構造物の品質確保①・巨大自然災害③
> R1年度は、地盤構造物の維持管理①・地盤の不確実性対応①
> R2年度は、地盤構造物のICT技術活用④・地盤構造物の自然災害対策③
> R3年度は、地盤構造物の新技術の開発・導入④・老朽化した地盤構造物の維持管理②
> キーワードの後の番号は以下の大別番号です。
> 分析結果は大別すると①地盤構造物問題、②インフラ老朽化問題、③自然災害問題、④その他問題　に分けることができます。
>
>
> 出題内容からのキーワード
> ①　地盤構造物に特化した内容の充実。地盤構造物、地盤調査、品質確保技術、点検、維持管理、不均一性、不確実性不具合、健全性確保、効率化生産性向上、不確実性のリスク低減
> ②　インフラ老朽化については、予防保全、維持管理、地盤構造物特有項目
> ③　自然災害については、自然災害に対する考え方の整理、社会環境変化による地盤災害、災害における安全安心な社会インフラ整備、激甚災害の特徴と被災形態
> ④　その他は、技術継承、継続研鑽、ICT利用技術を含むDX推進
> そして一般的なコスト縮減策、生産性向上、品質管理、調査、設計、施工、維持管理

2　鋼構造及びコンクリート（鋼構造）〈9－2A〉　年度ごとの分類

H28 年度は、インフラ老朽化（国土交通省インフラ長寿命化計画）②・インフラの海外展開④

H29 年度は、ICT 利用（i-Construction）②・巨大自然災害③

H30 年度は、インフラ老朽化（戦略的イノベーション創造プログラム SIP）②・巨大自然災害③

R1 年度は、鋼構造物の工場製作又は架設（建て方）における労働災害防止対策①・構造安全性を損なう劣化・損傷①

なお、R2 年度以降は「立場」を明記したうえで解答が求められる形式に変更となりました。

R2 年度は、BIM/CIM 活用による生産性向上④、設計・施工における性能規定化推進④

R3 年度は、建設・維持管理の現場における新材料・新工法の適用④、予防保全型メンテナンス推進②

キーワードの後の番号は以下の大別番号です。

分析結果は大別すると①鋼構造物問題、②国の施策問題、③自然災害問題、④その他問題　に分けることができます。

出題内容からのキーワード

①　鋼構造物の問題は令和だけであり、来年度もこの流れが予想されます。

②　国の施策問題については、国土強靭化、グランドデザイン 2050、インフラ長寿命計画、戦略的イノベーション創造プログラム SIP、予防保全型メンテナンスなどが出題されています。建設部門においては国の政策は必ず出題されると考え準備することをお勧めします。

③　自然災害については、自然災害に対する防災減災対策、「想定外」の事象が抱える問題点

④　その他は、労働者不足の社会背景、建設分野の特有の問題点、人口減少、インフラ整備、BIM/CIM、性能化規定、新材料・新工法、DX 推進

そして一般的なコスト縮減策、生産性向上、品質管理、調査、設計、施工、維持管理

3　鋼構造及びコンクリート（コンクリート）〈9-2B〉　年度ごとの分類

H28年度は、品質確保④・地球温暖化④

H29年度は、生産性向上と品質確保④・インフラの維持管理②

H30年度は、自然災害の頻発化（防災・減災）③・生産性向上④

R1年度は、コンクリートの海外インフラ整備①・コンクリート構造物における温室効果ガス削減①

なお、R2年度以降は「立場」を明記したうえで解答が求められる形式に変更となりました。

R2年度は、BIM/CIM活用による生産性向上④、設計・施工における性能規定化推進④

R3年度は、建設・推進管理の現場における新材料・新工法の適用④、予防保全型メンテナンス推進②

キーワードの後の番号は以下の大別番号です。

分析結果は大別すると①コンクリート、②インフラ老朽化、③自然災害、④その他　に分けることができます。

出題内容からのキーワード

① コンクリートについては、海外インフラ整備、各ステージ（企画・建設・更新）での温室効果ガス削減であった。コンクリートに関する問題は令和だけであり、来年度もこの流れが予想される。

② インフラ老朽化については、構造物の維持管理、維持管理のサイクル、維持管理の効率的な実施、予防保全型メンテナンス

③ 自然災害については、構造物の建設を加速するために検討すべき項目、防災減災対策

④ その他は、建設需要増への対策、構造物の建設から解体のCO2削減、建設現場の生産性向上、新材料・新工法、DX推進

そして一般的なコスト縮減策、生産性向上、品質管理、調査、設計、施工、維持管理

4　都市及び地方計画〈9-3〉　年度ごとの分類

H28年度は、立地適正化計画・コンパクトシティ②・空き家対策①

H29 年度は、都市再生特別措置法に基づく立地適正化計画②・市街化区域内農地の保全及び活用②

H30 年度は、都市のスポンジ化③・大規模な市街地火災発生後の被災地の復興まちづくり計画②

R1 年度は、都市のスポンジ化対策③・人口減少・少子高齢化を踏まえた都市構造再編計画策定④

R2 年度は、グリーンインフラ活用④・広場や歩行空間整備、管理運営する事業①

R3 年度は、新しい生活様式を踏まえた都市政策①・地域活性化に寄与する観光資源活用事業①

キーワードの後の番号は以下の大別番号です。

分析結果は大別すると①都市及び地方計画、②国の施策問題、③都市スポンジ化、④その他　に分けることができます。

出題内容からのキーワード

①　都市及び地方計画については、都市再構築、都市経営、空き家対策、整備・運営事業、新しい生活様式

②　国の施策問題については、都市再生特別措置法に基づく立地適正化計画、復興まちづくり計画、コンパクトシティ
　　国交省の政策については必ず覚えておくことをお勧めします。

③　都市スポンジ化については、平成 30 年度と令和元年度連続して出題されています。スポンジ化の背景、スポンジ化対策

④　その他は、人口減少・少子高齢化、DX 推進、グリーンインフラ

そして一般的なコスト縮減策、生産性向上、品質管理、調査、設計、施工、維持管理

5　河川、砂防及び海岸 海洋〈9-4〉　年度ごとの分類

H28 年度は、ICT による生産性向上④・巨大自然災害③

H29 年度は、既存ストックの有効活用①・働き手の確保と生産性の向上④

H30 年度は、ICT 利用④・災害に強い地域③

R1 年度は、自然災害時における防災（機能維持）③・豪雨等の被害最小化対策③

R2 年度は、データプラットフォームの実現④・持続可能な土砂管理の取組実現①

R3 年度は、水防災分野での作業の遠隔化の取組推進④・多様なセンシング情報

の効果的な組み合わせ④

キーワードの後の番号は以下の大別番号です。

分析結果は大別すると①河川、砂防及び海岸・海洋問題、②インフラ老朽化、③自然災害、④その他　に分けることができます。

出題内容からのキーワード

① 河川、砂防及び海岸・海洋については、「砂防領域」での土砂移動、既存ストックの有効活用

② インフラ老朽化については、当該分野の維持管理・更新、維持管理のPDCA化

③ 自然災害については、水災害対策と安全性機能、自然災害事象、地域コミュニティ強化のソフト対策、重要インフラの機能維持、人的・社会的被害を最小化

④ その他は、ICT技術適用の社会的背景、ICT活用事例とその技術（作業の遠隔化、センシング情報）、働き手確保が困難、DX推進

そして一般的なコスト縮減策、生産性向上、品質管理、調査、設計、施工、維持管理

6　港湾及び空港〈9-5〉　年度ごとの分類

H28年度は、東・東南アジアの国際輸送③・インフラ老朽化②

H29年度は、コンセッション（民営化）④・国土強靭化④

H30年度は、社会全体の生産性向上④・港湾・空港施設受注者側責任者のケーススタディ①

R1年度は、インフラシステム輸出③・港湾又は空港の施設のライフサイクルコスト縮減①

R2年度は、国際ゲートウェイである港湾及び空港の役割①・工事の安全性向上や安全管理の取組①

R3年度は、地方の経済活性化への貢献④・脱炭素化の取組推進④

キーワードの後の番号は以下の大別番号です。

分析結果は大別すると①港湾及び空港問題、②インフラ老朽化、③インフラ海外展開、④その他　に分けることができます。

出題内容からのキーワード

① 港湾及び空港については、港湾・空港機能強化、社会構造変化と港湾空港整備と役割、工事遅延の挽回方策、ライフサイクルコストの縮減、工事の安全性向上や安全管理

② インフラ老朽化については、戦略的な維持管理、改良・更新等計画

③ インフラ海外展開については、海外展開の検討課題、港湾・大きな影響を与えた顕著な変化、輸出の多様な効果

④ その他は、民営化の背景とメリット、当該施設での設備の回避策、社会資本整備活用の背景、脱炭素化、地方の経済活性化への貢献

そして一般的なコスト縮減策、生産性向上、品質管理、調査、設計、施工、維持管理

7　電力土木〈9-6〉　年度ごとの分類

H28 年度は、自然災害③・インフラ老朽化（アルカリシリカ反応）②

H29 年度は、電力土木施設の維持管理①・発電所のリプレース計画①

H30 年度は、インフラ老朽化②・社会的な信用失墜事象④

R1 年度は、電力土木施設の機能発揮①・電力土木施設の業務技術継承④

R2 年度は、自然・社会環境に影響を及ぼす事象④・公衆災害リスクへの対応策立案②

R3 年度は、将来の電力土木技術者の人材育成④・電力土木施設の維持管理及び運用の実施④

キーワードの後の番号は以下の大別番号です。

分析結果は大別すると①電力土木問題、②インフラ老朽化、③自然災害、④その他　に分けることができます。

出題内容からのキーワード

① 電力土木については、経年劣化と健全性確保、電力土木施設環境負荷事象、変状の計測と安全性評価、発電所更新や改造実施、電力施設機能の発揮

② インフラ老朽化については、ASR 把握する点検調査、経年劣化事象と劣化要因

③ 自然災害については、設計レベルを超える自然事象、甚大な被害をもたらす自然事象

④ その他は、海外事業での電力土木施設の課題、品質管理やコンプライアン

> ス違反の事象と影響、技術継承、電力土木技術者の人材育成、公衆災害リスク対応
>
> そして一般的なコスト縮減策、生産性向上、品質管理、調査、設計、施工、維持管理

8　道路〈9−7〉　年度ごとの分類

> H28年度は、インフラ老朽化②・事業評価④
>
> H29年度は、高速道路の暫定2車線で整備①・巨大自然災害③
>
> H30年度は、高速道路の物流機能①・積雪対策③
>
> R1年度は、平時の交通処理能力を上回る交通需要対策①・二巡目道路橋の定期点検①
>
> R2年度は、自転車活用の推進④・激甚化・頻発化する災害に備える道路の役割③
>
> R3年度は、降雪に伴う大規模な車両滞留発生防止③・高速道路の暫定2車線区間対策①
>
> キーワードの後の番号は以下の大別番号です。
>
> 分析結果は大別すると①道路問題、②インフラ老朽化、③自然災害、④その他に分けることができます。
>
> 出題内容からのキーワード
> ① 道路については、道路インフラ整備と適切な管理、賢く使うことの社会的背景、無電柱化の目的、2車線整備の背景、道路が物流への役割、オリパラ大会中の交通需要の課題、道路橋の定期点検の課題
> ② インフラ老朽化については、メンテナンスサイクルの考え方
> ③ 自然災害については、地震災害時の道路の役割、緊急輸送道路の役割、都市高速道路の積雪による交通止め
> ④ その他は、道路事業評価効果と評価手法、自転車活用推進
>
> そして一般的なコスト縮減策、生産性向上、品質管理、調査、設計、施工、維持管理

9　鉄道〈9−8〉　年度ごとの分類

> H28年度は、鉄道駅の役割・機能①・鉄道の安全・安定輸送①

H29年度は、巨大自然災害（降雨）③・巨大自然災害（地震）③

H30年度は、鉄道駅の役割・機能①・インフラ老朽化②

R1年度は、都市鉄道における施設設備のあり方①・地方鉄道の持続的な運営（維持管理）①

R2年度は、水害に対する鉄道施設強化③・定時性の低下問題に対応した鉄道施設改良①

R3年度は、鉄道工事の作業時間確保方策①・地域鉄道での列車脱線事故防止推進④

キーワードの後の番号は以下の大別番号です。

分析結果は大別すると①鉄道問題、②インフラ老朽化、③自然災害、④その他に分けることができます。

出題内容からのキーワード

①　鉄道については、駅に期待される機能と役割、保守作業での事故輸送障害の要因、駅施設面の整備計画、都市鉄道の施設整備のあり方、持続的運営と維持管理

②　インフラ老朽化については、長寿命化、施設の保守・維持管理、維持管理の中長期計画

③　自然災害については、災害の防災・減災の考え方、鉄道分野での防災減災強化、降雨時の被害防止策、地震防災・減災対策

④　その他は、列車脱線事故防止

一般的なコスト縮減策、生産性向上、品質管理、調査、設計、施工、維持管理

10　トンネル〈9－9〉　年度ごとの分類

H28年度は、自然災害③・品質確保④

H29年度は、建設副産物対策①・技能労働者不足④

H30年度は、社会資本整備の4つの構造的課題①・工事現場の環境保全・影響低減①

R1年度は、地山の崩落等の災害防止④・トンネルの安全性、公共性、品質確保①

R2年度は、施行計画における補助工法の要否判断①・山岳トンネル供用開始後の変状対策①

R3年度は、山岳トンネル特殊地山対策①・都市部トンネルの要求性能（使用性保持）①

キーワードの後の番号は以下の大別番号です。
分析結果は大別すると①トンネル問題、②インフラ老朽化、③自然災害、④その他　に分けることができます。

出題内容からのキーワード
① トンネルについては、設計段階から予防の必要のある事故、低炭素社会・自然共生社会の構築、構造的課題、工事着手前の環境保全計画、補助工法の要否判断、トンネルの品質確保と要求性能、変状対策、特殊地山対策
② インフラ老朽化については、長寿命化の検討
③ 自然災害については、地下構造物の防災減災に検討
④ その他は、技術継承、労働力不足の要因と社会的背景、構造物の各段階での品質確保、人材確保・育成の検討、労働災害や公衆災害を防止、トンネルの品質確保
そして一般的なコスト縮減策、生産性向上、品質管理、調査、設計、施工、維持管理

11　施工計画、施工設備及び積算〈9−10〉　年度ごとの分類

H28 年度は、品質確保④・建設工事の不正事案④
H29 年度は、民間の契約方式①・働き方の改善と i-Construction ③
H30 年度は、建設業の労働災害④・生産性向上①
R1 年度は、技能労働者の環境改善④・建設リサイクル推進①
R2 年度は、過疎化する地域のインフラ維持管理・更新②、公共工事での適正な下請契約締結④
R3 年度は、工事従事者の週休二日実現④・公共工事の応札・落札対応③
キーワードの後の番号は以下の大別番号です。
分析結果は大別すると①施工計画他問題、②インフラ老朽化、③国の施策問題、④その他　に分けることができます。

出題内容からのキーワード
① 施工計画他については、生産性を阻害要因、品質確保と施工計画、取組むべき社会資本整備の意義、民間活用による効果、生産性向上効果と概要、リサイクル推進と取組

② インフラ老朽化については、維持管理・更新の阻害要因
　③ 国の施策については、建設業の慢性的な課題、適切な発注、入札、契約の適正化
④ その他は、技術者、労働者不足での施工での課題、不正事案の背景、労働災害の発生頻度、労働条件と労働環境の改善
そして一般的なコスト縮減策、生産性向上、品質管理、調査、設計、施工、維持管理

12　建設環境〈9－11〉　年度ごとの分類

H28 年度は、地球温暖化（IPCC 第 5 次報告書）③・東日本大震災復興基本法③
H29 年度は、生態系ネットワーク①・社会インフラを活用した再生可能エネルギー③
H30 年度は、グリーンインフラ④・持続可能な都市①
R1 年度は、社会資本整備事業における生物多様性の保全再生取組①・ある地域で都市と緑・農が共生するまちづくり①
R2 年度は、都市のヒートアイランド現象防止対策①・グリーンインフラ取組検討プロセス①
R3 年度は、生態系ネットワーク形成の取組推進①・低炭素型・脱炭素型まちづくり実現③
キーワードの後の番号は以下の大別番号です。
分析結果は大別すると①建設環境問題、②インフラ老朽化、③国の施策問題、④その他　に分けることができます。

出題内容からのキーワード
① 建設環境については、生物多様性の保全、建設副産物の 3R 推進、生態系ネットワーク形成の効果、構造物のインフラとグリーンインフラを組み合わせた防災、環境負荷の小さな都市、生物多様性の保全 再生の取組、緑地と農地が共生するまちづくり、都市のヒートアイランド現象防止
② インフラ老朽化については、社会資本更新計画時の配慮
③ 国の施策については、コンパクトシティの実現の取組、気候変動による環境への影響、復興事業で環境への配慮、再生可能エネルギーの利活用の推進、低炭素型・脱炭素型のまちづくり

④　その他は、一般的なコスト縮減策、生産性向上、品質管理、調査、設計、
施工、維持管理

2－3　キーワード分析結果から論文作成への具体的な展開

2021（令和3）年度の建設部門、9—7道路　選択科目Ⅲで見てみます。

> 問題文
> Ⅲ－2　高速道路ネットワークの進展に伴い、社会経済活動における高速道路の役割の重要性は増しており、持続的な経済成長や国際競争力の強化を図るため、高速道路をより効率的、効果的に活用していくことが重要である。しかし、我が国では、限られた財源の中でネットワークを繋げることを第一に高速道路の整備を進めてきた結果、開通延長の約4割が暫定2車線区間となっており、諸外国にも例を見ない状況にある。
> このような状況を踏まえて、以下の問いに答えよ。
> (1) 暫定2車線について、技術者としての立場で多面的な観点から3つ課題を抽出し、それぞれの観点を明記したうえで、課題の内容を示せ。
> (2) 抽出した課題のうち最も重要と考える課題を1つ挙げ、その課題に対する複数の解決策を示せ。
> (3) すべての解決策を実行しても新たに生じうるリスクとそれへの対策について、専門技術を踏まえた考えを示せ。

上記の試験問題を少し簡略化させてパターン的にまとめると次のようになります。
△△△の立場で□□□における◆◆◆について、多面的な観点（3つを抽出）から課題の内容を述べよ。

選択科目により出題されるテーマが変わるだけで、試験問題はすべてこのように簡略化した内容で示すことができます。なお、3つの課題を抽出する際、「観点を明記したうえで」との条件がついていることに留意して解答論文をわかりやすく書くことがポイントとなります。なぜ、この観点としたのかという「視点（見方、立ち位置）」を示して書き始めましょう。

この記号部分を問題文と対比させると以下のようになります。
△△△は：立場　技術者としての立場。この問題では「道路を専門とする技術者」と読み替えて解答する必要があります。

□□□は：高速道路の暫定 2 車線区間。これが解答するための重要なキーワードとなります。

◆◆◆は：高速道路の 4 車線化の推進。解答キーワードに対する条件として「暫定 2 車線区間の解消」として解答を絞り込んでいます。

　このⅢ－ 2 の問題で考えると、「高速道路の暫定 2 車線区間」について、あなた自身がどれだけ多くの知識（法律、事柄、考え方、内容、事例、規制基準など）を述べられるかにより解答論文が決まります。キーワードについて、どのような内容を覚えているかで決まり、解答するにはかなり充実した内容、例えば高速道路整備の現状などを理解し、覚えておかないとよい解答になりません。また、設問に対して忠実でわかりやすい解答論文を書くためには、キーワード学習により充実した知識を得なくてはなりません。

　次に、絞り込みの条件です。この問題文では高速道路整備の状況を説明する文章中に「開通延長の約 4 割が暫定 2 車線区間となっており、諸外国にも例を見ない状況である。」と書かれています。そして、「持続的な経済成長や国際競争力の強化を図るため高速道略をより効率的、効果的に活用する際の問題点が依然としてある」ということを読み取り、この状況を考慮した解答が要求されています。

　すなわち、合格圏となる解答は、高速道路の現状と役割を踏まえて、暫定 2 車線の問題（点）を明らかにしたうえで解消すべき課題を抽出する必要があります。すでに「高速道路における安全・安心基本計画　令和元年 9 月 10 日国土交通省道路局」が公開されていますので、解答するうえでの重要な資料の一つとなります。設問（1）の解答は、この基本計画の p.5 を参考にして 3 つの課預を①時間信頼性確保、②事故防止、③ネットワークの代替性確保、として解答すればよいと思います。

設問（2）の解答は、最初に「最も重要と考える課題の選定理由」を簡潔に述べてから、複数の解決策を具体的な事例（実現している）を含めて書きましょう。この解決策は技術とともに進歩していますが、現時点での道路局公開資料から次に示す 6 つが挙げられます。

① 4 車線化推進（用地取得、トンネルや橋梁等の整備を含む）、②高速道路を

賢く使う取組の促進、③効果的な追い越し車線（付加車線）の設置や3車線運用、④集中的な高速道路ボトルネック対策実施、⑤スマートインターチェンジ等の追加、⑥中央分離帯の改善（ラバーポールからワイヤーロープへ変更）

選択Ⅲは、この課題解決策と遂行能力に重きをおいていますので、配点が高いものと想定されます。

設問（3）の解答は、「あなたが解答した解決策をすべて実行しても」という条件つきで、「新たに生じうるリスクとその対策」を、専門技術を踏まえて書きます。上記の基本計画では4車線化の進め方として、対面通行の暫定2車線区間（約3,100km うち有料約1,600km）のうち課題の大きい区間を優先整備区間として選定し優先的に事業化していくことが記載されています。このことを踏まえると、リスクは選定において透明性の確保ができていない、説明責任を果たしていない、さらには防災・減災上の効果が十分に発揮できていない、などが挙げられます。なお、設問（2）で自ら挙げた解決策と重複しないことに留意する必要があります。

　試験勉強で重要なことは、選択科目で出題される今年度を含む（毎年今年度利用で可能）3年～5年以内の間で注目されるテーマ（時事的な話題、注目の施策など）に絞り、必須問題と同様に解答を用意しておくことです。建設部門の課題は、国土交通政策と密接な関係があり、注目のテーマは国土交通省等のウェブサイト（https://www.milit.go.jp/）に掲載されていますし、過去に開催された主な社会資本整備審議会や部会、分科会などの配布資料（https://www.mlit.go.jp/policy/shingikai/index.html）も参考にテーマの分析を行うことも大切なことです。

　確実に合格点を取るには、設問（2）で問われる「最重要課題に対する複数の解決策」を具体的に、わかりやすく記述することです。その理由は3つの設問の合計30点のうち、一番配点が高いと想定されるためです。

　必ず問題文をよく読んで、専門技術者の立場で問題点や現状に言及し、課題抽出（観点を明示）と課題解決（現実的な遂行）および評価としてのリスク対策や波及効果に専門技術を踏まえて書くことが求められます。

3-1　機械部門の過去問題　平成28年度〜令和3年度
選択科目Ⅲでのキーワードと絞り込み条件

機械部門　Ⅲ選択科目　　　　　　　　　　　　　　上段がキーワード、下段が絞り込み条件

NO	選択科目	平成28年　選択科目Ⅲの出題	
		Ⅲ-1	Ⅲ-2
1	機械設計	既存製品に不具合発生	人工知能
		原因究明と再発防止	人工知能を活用した機械設計プロセス
2	材料力学	グローバルな生産体制における品質確保	製品開発の強度設計
		材料力学的な視点で品質確保上の課題	失敗経験を基に再発防止のためにとるべき対策
3	機械力学制御	自動車技術における技術革新	人工知能
		内燃機関自動車と電気自動車の技術革新での重要技術	人工知能導入が考えられる設計製造での課題
4	動力エネルギー	我が国が目指すべきエネルギー政策	製品競争力の向上
		動力エネルギーの専門家として重要課題	動力エネルギーの製品競争力を決定する要因
5	熱工学	海外からのエネルギー輸送	製品競争力
		化石エネルギーの輸送性能向上の開発と改良点	熱システム設計としては製品競争力を決定する要因
6	流体工学	製品競争力	流体機械の性能や信頼性向上にIoT利用
		対象流体機械を選び製品競争力を決定する要因	IoT導入時の留意すべき課題
7	加工FA	製造現場での高齢者の活躍推進方法	サプライチェーン全体の最適化
		活躍推進上の課題と解決策	個別最適が全体最適にならない例とその要因
8	交通・物流・建機	高機能・高性能化による高付加価値製品	製品競争力
		機械部品と制御装置とを組合わせ機能・性能・精度等による向上	交通・物流及び建設機械の設計として製品競争力を決定する要因
9	ロボット	人工知能	産業用ロボットの海外生産
		人口知能を応用した製品を開発で有効と考える理由	海外製造の課題
10	情報精密	製品競争力	M2M（Machine to Machine）により情報化した機器
		情報・精密機器の製品競争力を決定する要因	M2M導入時に留意すべき課題と内容

上段がキーワード、下段が絞り込み条件

平成29年　選択科目Ⅲの出題	
Ⅲ−1	Ⅲ−2
サステナビリティ	人材空洞化（高齢化、後継者不足、海外移転等）
製品開発で環境・社会・経済を意識し製品開発	高度な研究・開発や設計・製造の技術伝承と技術力向上の仕組
工業製品の予期せぬ不具合	構造物や機械を対象とした構造ヘルスモニタリング技術
原因特定と対策を材料強度分野	適用するために必要となる材料力学的な視点
大型で新規設備建設での地震対策	人と共存するロボット
新規設備を想定し地震対策の重要な課題	具体的に想定し課題
エネルギー革新戦略及びエネルギー・環境イノベーション戦略	動力エネルギー設備の信頼性
統合技術、コア技術、有望分野として革新技術期待効果	老朽化対策の立案
地球温暖化対策と再生可能エネルギーへの期待	熱システムと異分野を融合した新製品開発
地球温暖化対策を考慮した将来導入するエネルギー源	熱システム設計として異分野技術融合の熱システムの内容
流体機械での長期モニタリングによる保守運用サービス	流体機械について
流体機械での対象機械と長期モニタリングの保守運用サービス	流体機械の設計として標準化の対象とする機械
ものづくり現場にIoTを導入するに当たって	ライフサイクル分析 （Life Cycle Assessmennt：LCA）
期待される効果と内容	ライフサイクル分析の理由と必要性の事例
国際展開を図る	交通・物流分野でのクラウド技術導入
国際展開が見込める製品と現地生産	クラウド技術導入の具体的事例、利点、検討項目
ロボット技術を応用した支援機器を開発	自動車の自動運転技術
ロボット技術の応用が有効と考える支援機器の有効な理由	レベル3が実用化した時点でレベル4の自動運転技術を開発課題
製品開発での要求仕様満足、ベンチマークテスト	製品の信頼性
情報精密機器で製品の開発が社会に許容される条件	情報・精密機器で革新的技術を活用した信頼性について

機械部門　Ⅲ選択科目 　　　　　　　　　　　　　　上段がキーワード、下段が絞り込み条件

NO	選択科目	平成30年　選択科目Ⅲの出題	
		Ⅲ−1	Ⅲ−2
1	機械設計	地球環境と安全性に優れる製品のロードマップ	3D-CAD
		製品実現の技術ロードマップを作成	3次元環境への適用した新設計技術導入
2	材料力学	品質関連の不正	環境に及ぼす影響
		強度設計として特採の材料強度上の検討課題	機械や構造物の強度設計としてライフサイクルを通じて環境
3	機械力学制御	AI技術活用の機械オペレーション	持続可能な社会づくり
		機械オペレーションの高度化・効率化の検討	交通機械の開発を科学的研究・技術開発の検討
4	動力エネルギー	国際競争力が激化	脱炭素社会システム
		国際協力維持の施策と技術的優位性を保つための技術	動力エネルギー分野の中で今後重要なシステム
5	熱工学	熱工学技術を伝承し、熱機関、熱エネルギーシステム	伝熱技術は多岐にわたり活用
		安定的に維持させるために熱関連技術と技術伝承	世界市場で競争力維持するため伝熱技術と製品競争力決定要因
6	流体工学	流体機械・設備	モデルベース開発 （MBD：Model Base Developmennt）
		レトロフィット（旧型のものを改良して存続する）を提案・実施	製品開発導入に当り開発工程でのMBDの位置づけ導入のメリット
7	加工FA	ものづくり現場での「見える化」	生産管理、統制分野でのサイバーフィジカルシステムズの活用
		注目されるようになってきた背景	ＣＰＳの活用での期待効果と内容
8	交通・物流・建機	日本の製造業での技術者倫理	オペレータや保守に従事する人の高齢化の進展
		製造過程で製品の強度不足判明し原因推定と特定	高齢化によるヒューマンエラーの発生、安全に作業するための課題
9	ロボット	産業用ロボット	品質データの改ざんなど不正行為
		深層学習する産業用ロボットの適用産業分野と対象とする作業	ロボット分野協働ロボットの開発設計・生産及びユーザーでの運用
10	情報精密	コモディティ戦略	機械学習技術の応用
		コモディティ戦略を進める際の問題と内容	機械学習技術の適用のメリット、デメリット

上段がキーワード、下段が絞り込み条件

NO	選択科目	令和元年 選択科目Ⅲの出題	
		Ⅲ－1	Ⅲ－2
1	機械設計	介護機器の開発	工業製品の国際標準化
		普及、ロボット技術や情報処理技術の活用も期待	具体的な製品例を挙げ国内規格の整備や更新と国際標準化
2	材料強度・信頼性	大規模な構造破壊による大事故	機械構造物の設計で基本型から多くの製品を派生させる場合
		事象を設定し概要と事故防止及び被害軽減の課題	強度設計として製品選定概要、社会の要請を踏まえての課題
3	機構ダイナミクス・制御	機械の機能不全	コンピュータ・ソフトウエアと機械が融合したシステム高度化
		機械の機能不全の防止に必要な製品開発	自動車，鉄道，ロボット等では人との協働システムでの安全性のリスク
4	熱・動力エネルギー機器	既存技術の特徴生かした革新技術の迅速な活用	エネルギー基本計画のエネルギーミックスの目標
		エネルギー機器の技術的社会的変革が起こりうる技術の具体的な課題	2030年の温室効果ガスの26%削減に向け目標実現に重要な技術
5	流体機器	再生可能エネルギー利用に係る流体機器	「設計」「計測」「制御」「運転監視」に機械学習を使ったAI
		再生可能エネルギー利用し流体機器を主機として用いられるシステム	機械学習を使用しAIを応用した具体的な流体機器流体システム
6	加工・生産システム・産業機械	「ものづくり」のデジタル化	グローバルにEV（Electoric Vehicle）化
		ものづくりとは単なる製造プロセスでない。製造プロセスデジタル化の課題	EV化により自動車部品ユニット構成を変換し産業構造の変革

上段がキーワード、下段が絞り込み条件

NO	選択科目	令和2年選択科目Ⅲの出題	
		Ⅲ-1	Ⅲ-2
1	機械設計	モビリティ（移動）サービス MaaS	CAE のできる設計技術者育成
		MaaS の設計の概要とサービス向上	CAE のできる設計技術者育成信頼性確保
2	材料強度・信頼性	設備等幅広い製品分野で軽量化	機械構造物の材料強度技術
		軽量化の研究開発と具体的な製品の概要	材料強度技術に関し機械構造物を概要と設計寿命
3	機構ダイナミクス・制御	自動組み立て機の高速機開発	機械システムの自律緊急停止
		既設に対して2倍の高速化の自動組み立て機の開発	制御系のある機械システムの自律緊急停止機能
4	熱・動力エネルギー機器	動力エネルギー設備の老朽化対策	データセンタの省エネ技術
		動力エネルギー設備の信頼性維持目的とした老朽化対策	データセンタの電力消費での冷却技術とシステム全体の省エネ技術
5	流体機器	流体機器 3D プリンタの実用化	ICT・IoT 利用した運用と維持管理
		流体機器の製造時の 3D プリンタの活用方法	流体機器システムで ICT・IoT を利用した運用と維持管理システム
6	加工・生産システム・産業機械	アディティブ・マニュファクチャリングの活用	生産システムの BCP 計画
		中空金属部品の製作、アディティブ・マニュファクチヤリングを活用	生産システムの操業を継続するための計画 BCP への対応

上段がキーワード、下段が絞り込み条件

令和 3 年　選択科目Ⅲの出題	
Ⅲ－1	Ⅲ－2
自動化したスマート工場化	機械製品の一部の外製化
IoT, AI 等のデジタル技術を活用して自動化したスマート工場化が進展	外製化で外部の知見や技術力の活用
機械構造物の数値シミュレーション（解析）手法	新規製品の開発プロジェクト（材料強度・信頼性）
構造物の開発試験の一部を数値シミュレーションでコストと期間低減	信頼性確保のため、限界状態を設定して要求性能を満たす設計
路面電車システムの自動運転化	産業用ロボットを用いた製造ライン
路面電車システムの自動運転化での機構ダイナミクス・制御分野技術	産業用ロボットを用いた既存製造ラインに機械学習を導入
都市ガス網に水素混入の燃料転換	アンモニアや水素の化石代替燃料
都市ガス網を活かした水素混入等の燃料転換	アンモニアや水素などの化石代替燃料の火力発電所の調整力
二酸化炭素の回収などで使用する流体機器	モデルベース開発したシステムの開発
二酸化炭素の回収・有効利用・貯留で用いられる流体機器	流体機器のモデルベース開発を導入したシステムの開発
鉄系材料でのフレーム構造体の軽量化	サプライチェーンの情報共有化
鉄系材料でのフレーム構造体の軽量化でのマルチマテリアル化	産業機械を製造・供給するサプライチェーンの情報共有化

3-2　機械部門の過去問題分析の重要性について選択科目Ⅲでの検討

（注）機械部門については、令和元年度より選択科目の統合により10科目が6科目と選択科目が減りました。

この分析表は1-1から1-6の番号で分析していますのでご承知ください。

したがって1-7番以降は令和の問題はありません。

1　機械設計〈1-1〉　年度ごとの分類　　　　　H…平成　R…令和

H28年度は、既存製品に不具合発生③・人工知能③

H29年度は、サステナビリティ②・人材空洞化②

H30年度は、地球環境と安全性に優れる製品のロードマップ①・3D-CAD①

R1年度は、介護機器の開発②・工業製品の国際標準化③

R2年度は、モビリティサービスMaaS③・CAE設計技術者育成②

R3年度は、自動化したスマート工場化①・機械製品の一部の外製化③

キーワードの後の番号は以下の大別番号です。

分析結果は大別する問題、①機械設計問題、②社会現象問題、③機械製品共通問題、④その他問題　に分けることができます。

出題内容からのキーワード

①　機械設計については、利用に関する、技術の普及と製品、製品実現の技術、3次元環境での新設計、自動化したスマート工場化

②　社会現象については、エネルギー大量消費と持続可能なモノ作り、設計者の観点、環境・社会・経済を意識し製品開発、高齢化、後継者不足、海外移転、ロボット技術や情報処理技術の活用、CAE設計技術者育成

③　機械製品共通については、不具合原因究明と再発防止、人工知能を活用した機械設計プロセス、国内規格の整備や更新と国際標準化、モビリティサービスMaaS、機械製品の一部の外製化

④　その他は、一般的な自然災害・コスト縮減策、生産性向上、事故防止策、調査、維持管理

2　材料力学〈1-2〉　年度ごとの分類

H28 年度は、グローバルな生産体制と品質確保③・製品開発の強度設計①
H29 年度は、工業製品の不具合③・ヘルスモニタリング技術②
H30 年度は、品質関連の不正③・環境に及ぼす影響②
R1 年度は、構造破壊による大事故④・機械構造物の設計での派生製品①
R2 年度は、設備等幅広い製品分野で軽量化①・機械構造物の材料強度技術①
R3 年度は、機械構造物の数値シミュレーション手法③・新規製品の開発プロジェクト②
キーワードの後の番号は以下の大別番号です。
分析結果は大別する問題、①材料力学問題、②社会現象問題、③機械製品共通問題、④その他問題　に分けることができます。

出題内容からのキーワード
①　材料力学については、新規設備で初期設計段階、製品開発プロセス、材料力学分野、失敗経験を基に再発防止強度設計と製品選定、設備等幅広い製品分野で軽量化、機械構造物の材料強度技術
②　社会現象については、ヘルスモニタリング適用する材料力学、強度設計とライフサイクルの環境、開発プロジェクト
③　機械製品共通については、材料力学的な品質確保、原因特定と対策を材料強度、強度設計の材料強度、機械構造物の数値シミュレーション手法
④　その他は、技術開発を推進し利用拡大、事故防止及び被害軽減
一般的な自然災害・コスト縮減策、生産性向上、事故防止策、調査、維持管理

3　機械力学制御〈1-3〉　年度ごとの分類

H28 年度は、自動車技術における技術革新①・人工知能③
H29 年度は、大型で新規設備建設での地震対策④・人と共存するロボット③
H30 年度は、AI 技術活用の機械オペレーション③・持続可能な社会づくり④
R1 年度は、機械の機能不全①・コンピュータと機械が融合システム高度化③
R2 年度は、自動組み立て機の高速機開発①・機械システムの自律緊急停止①
R3 年度は、路面電車システムの自動運転化①・産業用ロボットを用いた製造ライン①

キーワードの後の番号は以下の大別番号です。
分析結果は大別する問題、①機械力学制御問題、②社会現象問題、③機械製品共通問題、④その他問題　に分けることができます。

出題内容からのキーワード
① 機械力学制御については、測定困難な場合性能評価法、自動車の技術革新の重要技術、機械の機能不全を防止、自動組み立て機の高速機開発、システムの自律緊急停止、路面電車の自動運転化、産業用ロボットの製造ライン
② 社会現象については、介護機器の開発・設計・導入・普及
③ 機械製品共通については、CAEの利用、高度な技術維持・伝承、人工知能導入の設計製造、人と共存するロボット、機械オペレーションの高度化効率化、人との協働システムでの安全性
④ その他は、新規設備の地震対策、交通機械開発の科学的研究
一般的な自然災害・コスト縮減策、生産性向上、事故防止策、調査、維持管理

4　動力エネルギー〈1－4〉　年度ごとの分類

H28年度は、我が国が目指すべきエネルギー政策①・製品競争力の向上①
H29年度は、エネルギー革新戦略及びエネルギー①・環境イノベーション戦略・動力エネルギー設備の信頼性①
H30年度は、・国際競争力が激化③・脱炭素社会システム②
R1年度は、革新技術の迅速な活用③・エネルギー基本計画のエネルギーミックス目標②
R2年度は、動力エネルギー設備の老朽化対策①・データセンタの省エネ技術①
R3年度は、都市ガス網に水素混入の燃料転換①・アンモニアや水素の化石代替燃料①
キーワードの後の番号は以下の大別番号です。
分析結果は大別する問題、①動力エネルギー問題、②社会現象問題、③機械製品共通問題、④その他問題　に分けることができます。

出題内容からのキーワード
① 動力エネルギーについては、電力供給エネルギー源構成、火力発電の老朽

化対策、再生可能エネルギーの推進発展、動力エネルギー分野の新技術開発、動力エネルギーの重要課題、エネルギー製品の競争力決定要因、統合技術などの革新技術期待、老朽化対策、エネルギー設備の老朽化対策、データセンタの省エネ技術、都市ガス網に水素混入の燃料転換、アンモニアや水素の化石代替燃料

② 社会現象については、脱炭素で今後重要なシステム、温室効果ガスの 26% 削減

③ 機械製品共通については、技術的優位性を保つ技術、エネルギー機器の技術的社会的な変革技術

④ その他は、一般的な自然災害・コスト縮減策、生産性向上、事故防止策、調査、維持管理

5　熱工学〈1－5〉　年度ごとの分類

H28 年度は、海外からのエネルギー輸送③・製品競争力①

H29 年度は、地球温暖化対策と再生可能エネルギーへの期待②・熱システムと異分野を融合した新製品開発①

H30 年度は、熱工学技術を伝承し①、熱機関、熱エネルギーシステム・伝熱技術は多岐にわたり活用①

R1 年度は、再生可能エネルギー利用に係る流体機器②・「設計」「計測」「制御」「運転監視」に機械学習③

R2 年度は、流体機器 3D プリンタの実用化③・ICT・IoT 利用した運用と維持管理③

R3 年度は、二酸化炭素の回収などで使用する機器③・モデルベース開発したシステムの開発③

キーワードの後の番号は以下の大別番号です。

分析結果は大別する問題、①熱工学問題、②社会現象問題、③機械製品共通問題、④その他問題　に分けることができます。

出題内容からのキーワード

① 熱工学については、熱工学的解析の精度評価と制度管理、熱システムの製品競争力決定要因、熱関連技術と技術伝承、伝熱技術と製品競争力決定要因

② 社会現象については、水素社会のメリット、地球温暖化対策と将来のエネルギー源、再生可能エネルギーと流体機器

③　機械製品共通については、持続可能なモノ作り技術、CAE 利用、化石エネルギーの輸送性能向上、AI を応用した流体機器流体システム、流体機器 3D プリンタの実用化、ICT・IoT 利用した運用と維持管理、モデルベース開発したシステムの開発、二酸化炭素の回収などで使用する機器

④　その他は、一般的な自然災害・コスト縮減策、生産性向上、事故防止策、調査、維持管理

6　流体工学〈1－6〉　年度ごとの分類

H28 年度は、製品競争力①・流体機械の信頼性向上に IoT 利用①

H29 年度は、流体機械での長期モニタリング保守サービス①・流体機械について①

H30 年度は、流体機械・設備①・モデルベース開発（MBD:Model Base Developmennt）③

R1 年度は、「ものづくり」のデジタル化③・グローバルに EV（Electoric Vehicle）化③

R2 年度は、アディティブ・マニュファクチャリングの活用③・生産システムの BCP 計画②

R3 年度は、フレーム構造体の軽量化③・サプライチェーンの情報共有化③

キーワードの後の番号は以下の大別番号です。

分析結果は大別する問題、①流体工学問題、②社会現象問題、③機械製品共通問題、④その他問題　に分けることができます。

出題内容からのキーワード

①　流体工学については、流体設計の精度評価と管理、開発する新製品新システム、流体機械の製品競争力決定要因、IoT 導入時の課題、長期モニタリングサービス、標準化対象機械、レトロフィットの提案

②　社会現象については、生産システムの BCP 計画

③　機械製品共通については、エネルギー消費低減や環境負荷軽減、CAE の利用、製品開発導入での MBD、製造プロセスデジタル化課題、EV 化による部品ユニット構成変換、アディティブ・マニュファクチャリングの活用、フレーム構造体の軽量化、サプライチェーンの情報共有化

④　その他は、一般的な自然災害・コスト縮減策、生産性向上、事故防止策、

調査、維持管理

７　加工 FA〈１－７〉　年度ごとの分類　（注意）１－７以降は令和の問題はありません。

H28 年度は、製造現場での高齢者の活躍推進方法②・サプライチェーン全体の最適化④
H29 年度は、ものづくり現場に IoT を導入③・ライフサイクル分析③
H30 年度は、ものづくり現場での「見える化」①・生産管理、統制分野でのCPS の活用①
キーワードの後の番号は以下の大別番号です。
分析結果は大別する問題、①FA 問題、②社会現象問題、③機械製品共通問題、④その他問題　に分けることができます。

出題内容からのキーワード
①　FA については、製造ライン立ち上げ重要事項、国内回帰の要因、見える化が注目の背景、CPS の活用での期待される効果
②　社会現象については、高齢者活躍推進上の課題
③　機械製品共通については、シミュレーション解析精度評価と管理、IoT 導入で期待効果、ライフサイクル分析の必要性
④　その他は、サプライチェーンの途絶要因、サプライチェーンの個別最適が全体最適にならない要因
一般的な自然災害・コスト縮減策、生産性向上、事故防止策、調査、維持管理

８　交通 物流 建機〈１－８〉　年度ごとの分類

H28 年度は、高機能・高性能化による高付加価値製品③・製品競争力①
H29 年度は、国際展開を図る①・交通・物流分野でのクラウド技術導入①
H30 年度は、日本の製造業での技術者倫理④・オペレータや保守の高齢化②
キーワードの後の番号は以下の大別番号です。
分析結果は大別する問題、①交通・物流・建機問題、②社会現象問題、③機械製品共通問題、④その他問題　に分けることができます。

出題内容からのキーワード
① 交通・物流・建機については、機械設計の製品競争力決定要因、国際展開製品と現地生産、クラウド技術導入の利点
② 社会現象については、機器・システムの地震対策、機械の老朽化課題、高齢化とヒューマンエラー発生
③ 機械製品共通については、持続可能なモノ作り技術、測定困難な製品性能評価法、機能・性能・精度等による向上
④ その他は、強度不足判明し原因推定
一般的な自然災害・コスト縮減策、生産性向上、事故防止策、調査、維持管理

9 ロボット〈1-9〉 年度ごとの分類

H28年度は、人工知能③・産業用ロボットの海外生産①
H29年度は、高齢者に対してロボット支援機器①・自動車の自動運転技術②
H30年度は、産業用ロボット①・品質データの改ざんなど不正行為④
キーワードの後の番号は以下の大別番号です。
分析結果は大別する問題、①ロボット問題、②社会現象問題、③機械製品共通問題、④その他問題　に分けることができます。

出題内容からのキーワード
① ロボットについては、ロードマップ到達目標と内容、海外製造の課題、ロボット技術の応用と支援機器、深層学習する産業用ロボットの適用産業分野
② 社会現象については、自動運転技術を開発課題
③ 機械製品共通については、コア技術の流出防止、人口知能を応用製品
④ その他は、品質データの改ざんなど不正行為
一般的な自然災害・コスト縮減策、生産性向上、事故防止策、調査、維持管理

10　情報精密〈1－10〉　年度ごとの分類

H28 年度は、製品競争力①・M2M により情報化した機器①

H29 年度は、製品開発での要求仕様満足①、ベンチマークテスト・製品の信頼性

H30 年度は、コモディティ戦略③・機械学習技術の応用③

キーワードの後の番号は以下の大別番号です。

分析結果は大別する問題、①情報精密問題、②社会現象問題、③機械製品共通問題、④その他問題　に分けることができます。

出題内容からのキーワード

①　情報精密については、情報精密機器の数年後の到達目標、革新的な新製品、マルチフィジックスのシミュレーション解析、精密機器の製品競争力決定要因、M2M 導入時の課題、精密機器で製品の社会許容、革新的技術の信頼性

②　社会現象については、該当なし

③　機械製品共通については、CAE の利用、コモディティ戦略の問題、機械学習技術の適用

④　その他は、一般的な自然災害・コスト縮減策、生産性向上、事故防止策、調査、維持管理

3−3　キーワード分析結果から論文作成への具体的な展開

2021（令和3）年度の機械部門、I−1機械設計　選択科目Ⅲで見てみます。

> 問題文
> Ⅲ−1　製造現場では、少子高齢化により生産年齢人口が減少する課題に対して、IoT（Internet of Things：モノのインターネット）、AI（Artificial Intelligence：人工知能）に代表されるデジタル技術を活用して、設備状態監視、生産品質管理，異常検知、故障予測などを行い、現場に人がいなくても自動化された設備により生産性を維持、向上できるスマート工場化が進められている。
> (1) 自動化された設備を開発する技術者の立場で、具体的な事例を挙げて、多面的な観点から3つ課題を抽出し、それぞれの観点を明記したうえで、課題の内容を示せ。
> (2) 抽出した課題のうち最も重要と考える課題を1つ挙げ、その課題に対する複数の解決策を示せ。
> (3) すべての解決策を実行しても新たに生じうるリスクとそれへの対策について、専門技術を踏まえた考えを示せ。

上記の試験問題を少し簡略化させてパターン的にまとめると次のようになります。
△△△の立場で□□□における◆◆◆について、多面的な観点（3つを抽出）から課題の内容を述べよ。
選択科目により出題されるテーマが変わるだけで、試験問題はすべてこのように簡略化した内容で示すことができます。なお、3つの課題を抽出する際、「観点を明記したうえで」との条件がついていることに留意して解答論文をわかりやすく書くことがポイントとなります。

この記号部分を問題文と対比させると以下のようになります。
△△△は：立場　技術者としての立場。この問題では「機械設計の技術者」と読み替えて解答する必要があります。
□□□は：デジタル技術の活用。これが解答するための重要なキーワードとなります。

◆◆◆は：自動化設備。解答キーワードに対する条件として「自動化設備の開発」として解答を絞り込んでいきます。

　このⅢ－１の問題で考えると、「自動化された設備の開発」について、「具体的な事例を挙げて」と条件が付いており、自社の自動化設備に関する知識を述べることができれば解答論文を書くことができます。自社でなくてもスマート工場などデジタル技術を駆使した設備開発について、どのような技術を覚えているかで決まります。また、設問に対して忠実でわかりやすい解答論文を書くためには、キーワード学習により充実した知識を得なくてはなりません。
設問（1）の解答は具体的な自動化された設備における、多面的な観点から３つの課題を抽出それぞれの観点を明記したうえで、課題の内容を記述する。この時、多面的な観点の捉え方についてどのような考え方から３つを抽出したかも説明することも忘れずに記述してください。
設問（2）の解答は、最初に「最も重要と考える課題の選定理由」を簡潔に述べてから、複数の解決策を具体的な事例を含めて書きましょう。この時の３つの解決策に共通している事項を考慮しておくと（3）の設問対応が容易になります。選択科目Ⅲは、この課題解決策と遂行能力に重きをおいていますので、配点が高いものと想定されます。
設問（3）の解答は、「あなたが解答した解決策をすべて実行しても」という条件つきで、「新たに生じうるリスクとその対策」を、専門技術を踏まえて書きます。注意を要するのが新たに生じうるリスクです。特に「新たに」がポイントになります。リスクについては前述した解決策に共通事項からリスク要件を抽出すると良いでしょう。

　試験勉強で重要なことは、選択科目で出題される今年度を含む３年～５年以内の間で注目されるテーマ（時事的な話題、注目の施策など）に絞り、必須問題と同様に解答を用意しておくことです。機械部門の課題は、ものづくり白書・エネルギー白書・環境白書・情報通信白書に関係があるので機械部門の観点から白書の内容を理解すればよいでしょう。合格点を取るには、「課題の抽出」が最も大切です。この抽出を誤ると良い評価は得られません。その理由はそれ以降の設問は抽出した課題を元に出題されています。

4−1　電気電子部門の過去問題　平成28年度〜令和3年度
選択科目Ⅲでのキーワードと絞り込み条件

電機電子部門　Ⅲ選択科目　　　　　　　　　　　　上段がキーワード、下段が絞り込み条件

NO	選択科目	H 28 選択科目Ⅲの出題	
		Ⅲ−1	Ⅲ−2
1	電力・エネルギーシステム	洋上風力発電	電力系統
		発電開発の技術的課題	近未来の電力系統技術に関し社会便益向上で配慮事項
2	電気応用	交通システム	世界貿易ルール
		大都市圏の課題	電気応用分野の発展させる課題
3	電子応用	電子技術	センサネットワーク
		活かし方の検討項目	具体的な応用例と課題
4	情報通信	車の運転の自動化	インターネットや情報通信ネットワーク
		レベル3．4の運転自動化の実現	ネットワークの匿名性の視点の課題
5	電気設備	感電保護	太陽光発電導入促進
		電源の自動遮断による方法	有効利用の課題

上段がキーワード、下段が絞り込み条件

H 29 選択科目Ⅲの出題	
Ⅲ－1	Ⅲ－2
長期エネルギー需給見通し	災害に強いまちづくり
電源構成実現への電力安定供給の維持	送配電システムの技術的課題
変圧器・電動機・遮断器の寿命考え方	パワースーツの応用
余寿命診断方法	応用分野 2 つ
AI を用いた業務開発	IoT デバイス
AI を用いた業務開発概要と応用	IoT デバイスを用いた具体的な実例
IoT 適用分野の産業	安全なインターネット
NW システムと IoT 固有の要件	安全なインターネット実現のため重要視点
ZEB の概要	キュービクル式受変電設備更新
ZEB 化実現のための課題	設備更新計画の手順の概要

上段がキーワード、下段が絞り込み条件

NO	選択科目	H 30 選択科目Ⅲの出題	
		Ⅲ－1	Ⅲ－2
1	電力・エネルギーシステム	再生可能エネルギー	電気エネルギーシステム対応が困難になると思われる課題
		電源構成 22 ～ 24% の達成に向け導入拡大の課題	課題解決策として IOT を活用した電気エネルギーシステムの提案
2	電気応用	自動運転技術	省エネ化
		センシング技術	製造業の工場省エネ化を進める
3	電子応用	高齢者の状態を計測する装着不要のシステム	準天頂衛星システム
		具体的な実施例システム構築の課題	具体的な実施例
4	情報通信	安心安全なデータ収集・流通の仕組み	大規模震災が情報インフラに与える影響
		収集・流通の仕組みを実現の課題分析	震災発生の際早急に復旧させるための技術対策
5	電気設備	ライフサイクル設計	NearlyZEB 目標の小規模事務所ビル
		概要と評価項目	太陽光発電の設計のうち与件整理モジュールの選定と配置検討

上段がキーワード、下段が絞り込み条件

| R1 選択科目Ⅲの出題 ||
Ⅲ－1	Ⅲ－2
電磁環境問題	レジエンス
電力エネルギー分野	電力システムの課題
電動機の低損失化方策	超電導現象
具体例と更なる効率化	送配電ロスの低減に向けた特徴
ユニバーサルデザインを行う技術者	スマート農業
システムや電子機器でのサービス困難な事例と課題	具体例と課題
エンドツーエンドのネットワーク	道路交通渋滞解消
エッジコンピューティングの活用の課題	交通渋滞解消の課題
太陽光発電設備	照明設備の省エネルギー
FIT 制度終了による課題	良好な視環境実現の課題

上段がキーワード、下段が絞り込み条件

NO	選択科目	R2 選択科目Ⅲの出題	
		Ⅲ－1	Ⅲ－2
1	電力・エネルギー	需給バランス維持	地産地消の分散型エネルギー
		再エネ大量導入と需給バランス維持	地産地消の分散型エネルギーシステムを構築
2	電気応用	事業継続計画（BCP）	小型電動モビリティ
		事業継続計画（BCP）	小型電動モビリティの普及
3	電子応用	電子機器・電子素子を用途	通信インフラ設備の維持管理
		次世代モビリティシステムやスマートシティを現実化に向け必要となる電子機器電子素子	通信事業者では通信インフラ設備の維持管理
4	情報通信	企業活動と情報通信ネットワーク活用	MaaSの実現
		企業活動と情報通信ネットワークを活用とコミュニケーション	MaaSの実現と情報通信技術を活用し最適化
5	電気設備	大規模再開発計画の電気設備	賃貸オフィスビルの効果的改修計画
		再開発ビジネス街区の大規模再開発計画の電気設備	既存建築ストックの有効活用賃貸オフィスビルの効果的な改修計画

上段がキーワード、下段が絞り込み条件

R3 選択科目Ⅲの出題	
Ⅲ－1	Ⅲ－2
電力事業の設備保全	電気自動車（EV）の普及・拡大
電力事業において設備保全保全コストと保全サービス	電気自動車本体と周辺の技術開発
街路照明と景観照明	エネルギーネットワークの事業化
街路照明や建造物等への景観照明	未使用エネルギーとコージェネレーション利用のエネルギーネットワークの事業化
移動手段（エアモビリティ）を安全に効率よく	高齢化と人間親和型システム産業
エアモビリティを安全に効率よく動かし、交通量スマートに割り当てる	高齢化する日本に適合する人間親和型システム産業
インクルーシブ社会実現と情報通信技術	車間通信と社会システムの導入
インクルーシブな社会の実現での情報通信技術を導入	車間通信を新たな社会システムとして導入及び普及
電気設備分野での働き方改革と生産性向上	オフィス空間での照明の視環境改善
電気設備分野での業界の働き方改革を伴う生産性向上	オフィス空間の知的で創造性の高い照明設備の視環境改善

4-2 電気電子部門の過去問題分析の重要性について選択科目Ⅲでの検討

1 電力エネルギー〈4-1〉 年度ごとの分類

H28年度は、洋上風力発電①・電力系統が社会ニーズに応え①

H29年度は、長期エネルギー需給見通し①・災害に強いまちづくり（電力系統）①

H30年度は、再生可能エネルギー①・電気エネルギーシステム①

R1年度は、電磁環境問題③・レジエンス①

R2年度は、需給バランス維持①・地産地消の分散型エネルギー①

R3年度は、電力事業の設備保全④・電気自動車（EV）の普及・拡大②

キーワードの後の番号は以下の大別番号です。

分析結果は大別する問題、①電力エネルギー問題、②社会現象問題、③電気電子共通問題、④その他問題 に分けることができます。

出題内容からのキーワード

① 電力エネルギーについては、再生可能エネルギー発電普及と温暖化防止、電源系統における最適組合せ、自然災害と早期復旧、電力設備の保全、洋上風力発電開発の技術的課題、電力系統技術の社会便益向上事項、電源構成実現への電力安定供給、送配電システムの技術的課題、電源構成達成と導入拡大、電力エネルギー分野、電力システムの課題、需給バランス維持・地産地消の分散型エネルギー

② 社会現象については、電気自動車の普及・拡大

③ 電気電子共通については、該当なし

④ その他は、一般的な自然災害・コスト縮減策、生産性向上、事故防止策、調査、維持管理、電力事業の設備保全

2 電気応用〈4-2〉 年度ごとの分類

H28 年度は、交通システム①・世界貿易ルール①

H29 年度は、変圧器・電動機・遮断器の寿命考え方①・パワースーツの応用③

H30 年度は、自動運転技術②・省エネ化③

R1 年度は、電動機の低損失化方策①・超電導現象③

R2 年度は、事業継続計画（BCP）②・小型電動モビリティ①

R3 年度は、街路照明と景観照明①・エネルギーネットワークの事業化③

キーワードの後の番号は以下の大別番号です。

分析結果は大別する問題、①電気応用問題、②社会現象問題、③電気電子共通問題、④その他問題　に分けることができます。

出題内容からのキーワード

①　電気応用については、メンテナンスの経費節減、大都市圏の課題、電気応用分野の発展、余寿命診断方法、電動機の効率化、小型電動モビリティ、街路照明と景観照明

②　社会現象については、少子高齢化により人材確保、事業継続計画（BCP）

③　電気電子共通については、老朽化による更新、非常用電源として活用、パワースーツ応用分野、センシング技術、工場省エネ化、送配電ロスの低減、エネルギーネットワークの事業化

④　その他は、一般的な自然災害・コスト縮減策、生産性向上、事故防止策、調査、維持管理

3 電子応用〈4-3〉 年度ごとの分類

H28 年度は、電子技術①・センサーネットワーク③

H29 年度は、AI を用いた業務開発③・IoT デバイス①

H30 年度は、高齢者を計測する装着不要のシステム②・準天頂衛星システム①

R1 年度は、ユニバーサルデザインを行う技術者③・スマート農業①

R2 年度は、電子機器・電子素子の用途①・通信インフラ設備の維持管理③

R3 年度は、エアモビリティを安全に効率よく①・高齢化と人間親和型システム産業②

キーワードの後の番号は以下の大別番号です。

分析結果は大別する問題、①電子応用問題、②社会現象問題、③電気電子共通問題、④その他問題　に分けることができます。

出題内容からのキーワード

① 電子応用については、電池での長時間作動、集積回路電子回路の生産性向上、CMOS イメージセンサ原理、電子技術の活かし方、IoT デバイスの実例、準天頂衛星システム実用例、スマート農業の実例、電子機器・電子素子の用途、エアモビリティを安全に効率よく

② 社会現象については、少子高齢化により人材確保、装着不要のシステム構築、高齢化と人間親和型システム産業

③ 電気電子共通については、センサーネットワーク、センサーネットワーク応用例、AI を用いた業務開発、ユニバーサルデザインのシステムや電子機器サービス、通信インフラ設備の維持管理

④ その他は、一般的な自然災害・コスト縮減策、生産性向上、事故防止策、調査、維持管理

4　情報通信〈4−4〉　年度ごとの分類

H28 年度は、車の運転の自動化③・インターネットや情報通信ネットワーク①

H29 年度は、IoT 適用分野の産業③・安全なインターネット①

H30 年度は、安心安全なデータ収集・流通の仕組み①・大規模震災が情報インフラに与える影響①

R1 年度は、エンドツーエンドのネットワーク①・道路交通渋滞解消①

R2 年度は、企業活動と情報通信ネットワーク活用①・MaaS の実現①

R3 年度は、インクルーシブ社会実現と情報通信技術①・車間通信と社会システムの導入①

キーワードの後の番号は以下の大別番号です。

分析結果は大別する問題、①情報通信問題、②社会現象問題、③電気電子共通問題、④その他問題　に分けることができます。

出題内容からのキーワード

① 情報通信については、ビックデータ活用推進、インフラの融合連携問題、セキュリテイ対応策、ネットワーク匿名性の課題、安全なインターネット実現、データ収集・流通の仕組み、震災発生後の早急復旧技術、エッジコンピューティングを活用、交通渋滞解消の課題、企業活動と情報通信ネットワーク活用、MaaS の実現、インクルーシブ社会実現と情報通信技術、車間通信と社会システムの導入

② 社会現象については、インフラ維持・長寿命化
③ 電気電子共通については、運転自動化の実現、NW システムと IoT
④ その他は、一般的な自然災害・コスト縮減策、生産性向上、事故防止策、調査、維持管理

5　電気設備〈4−5〉　年度ごとの分類

H28 年度は、感電保護①・太陽光発電導入促進③
H29 年度は、ZEB の概要①・キュービクル式受変電設備更新①
H30 年度は、ライフサイクル設計①・NearlyZEB 目標の小規模事務所ビル①
R1 年度は、太陽光発電設備③・照明設備の省エネルギー①
R2 年度は、大規模再開発計画の電気設備①・賃貸オフィスビルの改修計画④
R3 年度は、電気設備分野での働き方改革と生産性向上②・オフィス空間での照明の視環境改善①
キーワードの後の番号は以下の大別番号です。
分析結果は大別する問題、①電気設備問題、②社会現象問題、③電気電子共通問題、④その他問題　に分けることができます。

出題内容からのキーワード
① 電気設備については、設備更新長期的・公共性大規模施設、高齢者住宅電気設備の技術的解決策、電源の自動遮断、ZEB 化実現、キュービクル設備更新計画、ライフサイクル設計概要と評価、太陽光発電の設計、照明設備の良好な視環境実現、大規模再開発計画の電気設備、オフィス空間での照明の視環境改善
② 社会現象については、電気設備分野での働き方改革と生産性向上
③ 電気電子共通については、ビル・工場におけるエネルギー削減基本的な考え方、高圧配電系統に連系、太陽光有効利用の課題、FIT 制度終了による課題
④ その他は、一般的な自然災害・コスト縮減策、生産性向上、事故防止策、調査、維持管理、賃貸オフィスビルの改修計画

4-3　キーワード分析結果から論文作成への具体的な展開

　2021（令和3）年度の電気電子部門、4—5電気設備　選択科目Ⅲで見てみます。

問題文
Ⅲ－1　我が国では、人口が2010年をピークに減少に転じ今後もこの傾向が続くと予想される中、国の成長力を維持するための生産性の向上が求められており、電気設備分野においても生産性向上対策の議論が活性化している。また、電気設備分野を含めた建設業界では、建築物や建築設備の複雑さや高機能化に伴い設計・施工・管理業務・保全業務などの繁忙度が高まることで時間に追われる感覚や建設現場特有の作業環境などが敬遠され、担い手確保に向けての働き方改革が求められている。
(1)　上記を踏まえ、電気設備分野を含めた建設業界を魅力あるものにしていくため、業界の働き方改革を伴う生産性向上を達成させるための課題を、電気設備分野の技術者として多面的な観点から3つ抽出し、それぞれの観点を明記したうえで、課題の内容を示せ。
(2)　抽出した課題のうち最も重要と考える課題を1つ挙げ、その課題の解決策を3つ示せ。
(3)　すべての解決策を実行しても新たに生じうるリスクとそれへの対策について、専門技術を踏まえた考え方を示せ。

上記の試験問題を少し簡略化させてパターン的にまとめると次のようになります。

△△△の立場で□□□における◆◆◆について、多面的な観点（3つを抽出）から課題の内容を述べよ。

選択科目により出題されるテーマが変わるだけで、試験問題はすべてこのように簡略化した内容で示すことができます。なお、3つの課題を抽出する際、「観点を明記したうえで」との条件がついていることに留意して解答論文をわかりやすく書くことがポイントとなります。

この記号部分を問題文と対比させると以下のようになります。

△△△は：立場　技術者としての立場。この問題では「電気設備の技術者」と読み替えて解答する必要があります。

□□□は：働き方改革を伴う生産性向上。これが解答するための重要なキーワードとなります。

◆◆◆は：電気設備分野を含めた建設業界。解答キーワードに対する条件として「生産性向上を達成させる」として解答を絞り込んでいきます。

　このⅢ－1の問題で考えると、「働き方改革を伴う生産性向上を達成させるため」と条件が付いており、働き方改革や生産性向上に係わる技術内容を解答論文に書くこととなります。どのような技術を覚えているかで決まります。また、設問に対して忠実でわかりやすい解答論文を書くためには、キーワード学習により充実した知識を得なくてはなりません。

設問（1）の解答は具体的な自動化された設備における、多面的な観点から3つの課題を抽出し、それぞれの観点を明記したうえで、課題の内容を記述する。この時、多面的な観点の捉え方についてどのような考え方から3つを抽出したかも説明することも忘れずに記述してください。

設問（2）の解答は、最初に「最も重要と考える課題の選定理由」を簡潔に述べてから、複数の解決策を具体的な事例を含めて書きましょう。この時の3つの解決策に共通している事項を考慮しておくと（3）の設問対応が容易になります。選択科目Ⅲは、この課題解決と遂行能力に重きをおいていますので、配点が高いものと想定されます。

設問（3）の解答は、「あなたが解答した解決策をすべて実行しても」という条件つきで、「新たに生じうるリスクとその対策」を、専門技術を踏まえて書きます。注意を要するのが新たに生じうるリスクです。特に「新たに」がポイントになります。リスクについては前述した解決策に共通事項からリスク要件を抽出すると良いでしょう。

　試験勉強で重要なことは、選択科目で出題される今年度を含む3年～5年以内の間で注目されるテーマ（時事的な話題、注目の施策など）に絞り、必須問題と同様に解答を用意しておくことです。電気・電子部門の課題は、エネル

ギー白書、情報通信白書、ものづくり白書、科学技術イノベーション白書が関係ありますので電気・電子部門の観点から白書の内容を理解すればよいでしょう。

　合格点の評価を得るには、「課題の抽出」が最も大切です。この抽出を誤ると良い評価は得られません。その理由はそれ以降の設問は課題を元に出題されているからです。また「課題の抽出」は問題文の中に必ず、解答となるキーワードの目標、現状、問題、課題などの内容などが記載されています。しかし、問題文の出題では直接的な表現ではありませんが、問題文から課題を読み解かなくてはなりません。したがって、問題文の熟読は絶対条件となります。また（設問2）で「最も重要な課題に対して複数の解決策」を求められますがこの解決策は具体的に、わかりやすく記述することです。これらの解答は選択科目の専門技術者の立場で問題点や現状に言及し、課題抽出（観点を明示）と課題解決策（現実的な遂行）および評価としてのリスク対策や波及効果に専門技術を踏まえて書くことが求められます。

第5章
伝わりやすい文章の心得 10 カ条

　本章は、文章を書く時に注意しなくてはならないことや、心掛けなくてはならない心得を 10 カ条として事例を交えて説明しています。

第1条　文章は書くときよりも、書く前の準備に時間をかける

1　事前準備が必要

　技術文章は、提案相手によっても内容が変わります。課長なのか、事業部長なのか、社長なのか、文章の趣旨によっては社外や一般社会もあります。その文章の内容と深さ、情報やデータの裏付けなども一様ではありません。

　したがって、文章を書くときは読み手に合わせ、データの充実と説明内容を考えて事前準備が必要です。

> 　文章は書くときよりも書く前の準備に時間をかけることです。
> 　研究発表論文・技術報告書・技術提案書・業務報告書・業務日報など、各々読み手が違います。読み手を考慮し、理解される文章を心がけます。
> 　特に技術文章は目的に合った内容とします。そのため十分な下調べや資料を準備し、背景や条件、目的を明確にした文章でなくては理解されません。要は事前準備が重要です。

技術文章を書く前に次の4つを明確にして書くとよいでしょう。

1. 目的　目的を明確にする。なぜ書くか、報告か、提案か、説明か。
2. 対象　相手により情報が変わる。読み手が社外か、上司、社内、一般人。
3. 内容　書く内容を明確にする。何を伝えたいのか、確認だけなのか。
4. アクション　結果を明確にする。結果の報告か、どうして欲しいのか。

> 　キーワード　読み手に伝わりやすい文章は、事前準備の充実度で決まると考えるべきです。

第２条　文章は巧みさでなく、情報の中身のよさで納得させる

1　文章の情報や材料の質や内容

　技術文章は、文章の巧みさや分かりやすさも大切ですが、最も大切なことは記述する文章の情報や材料の質や内容が最も大切です。

> 　文章は巧みさでなく、情報の中身のよさで納得させることです。
> 　読み手が評価するのは、文章のうまさでなく、内容です。具体的な情報や材料のないものは、いくら名文で書かれていようと、何の役にも立ちません。
> 　読み手が知りたがっている情報や事実がきちっとそろっていれば、文章が多少下手でも、読み手は満足します。要は内容が重要です。

　例えば、新規に農機具を購入する提案の文章であれば、現状の農機具の稼働に係る情報や故障の内容を示します。そして、新たに提案する農機具の特徴と購入後の予想効果などを示す必要があります。このように考えると文章の内容よりも、文章をサポートする特徴や効果を示すことができるか、によって提案の良し悪しとなります。

　ここでも、読み手によって、記述する情報の内容が違います。読み手が社長や事業部長では、費用対効果の情報やデータが中心になります。また、課長や係長であれば、費用対効果も大切ですが、稼働率や安全性の相異のデータがあればなお良いと思います。

> 　キーワード　読み手に伝わりやすい文章とは、読み手が欲しい内容と情報のある文章です。

第3条　分かりにくい言葉は、最初に定義しておく

1　名詞や代名詞、動詞などの使用には注意

　技術文章は、文章のうまさや分かりやすさも大切ですが、誤解を与えない文章が、最重要です。そのためには、誤解を与えないように名詞や代名詞、動詞などの使用には注意します。

> 　分かりにくい言葉は、最初に定義しておくことです。
> 　誰が読む文章かを考え、略字やカタカナの文は避け、使用する際は、冒頭で説明しておくことや実例で示す方法もあります。
> 　基本は誰に読んでもらっても分かる文章を心がけることです。
> 　いろんな意味を持つ動詞は、できるだけ別の言葉を用いることも考慮します。動詞としては「見る」「使う」「動かす」です。
> 　例えば、「新聞を見る」とは、新聞を読む、新聞を眺める、新聞の有無を確認する、「新聞を見る」にも具体的な行為があります。

　技術文章では専門用語を用いることがありますが、専門用語は読み手によっては最小限度にとどめ、使用に際し最初に定義しておくことです。
　抽象的な用語や名詞についても注意が必要です。例えば、酒屋で「焼酎下さい」と言っても芋、麦、コメ、トウモロコシの種類だけでもこれだけあり、産地、アルコール度数、それらを考慮すると数百種類の焼酎があります。

　キーワード　読み手に伝わりやすい文章とは、読み手が誰でも分かるように文章を書くことです。

第4条　「これ」「それ」「あれ」「ここ」「そこ」は　具体的な言葉に置き換える

1　別の言葉に置き換える

　技術文章は、文章の内容が理解できなくてはなりません。注意しなくてはならないのが代名詞・形容詞や副詞です。対策として、別の言葉に置き換えることで分かりやすくなります。

　例えば「これ」を書きたくなると、自分で「これ」の代名詞は、何を示すのかを考えて分解して書くことで文章は、分かりやすくなります。「それ」って、何を言っているのだろうと、読み手に考えさせるような文章は良くありません。

代名詞の事例「これ」「それ」「あれ」「ここ」「そこ」
形容詞や副詞の事例「少々」「しばらく」「大きい」「小さい」「高い」「低い」
「すぐに」「早く」「十分に」「大幅に」
　これらは文章を正確に伝えることはできません。また、文章そのものがあいまいになり、誤解を招く場合もあり別の表現や具体的な言葉に置き換えることです。

　　キーワード　読み手に伝わりやすい文章とは、誤解されるような代名詞・形容詞や副詞の少ない文章です。

第5条　「さらに」「次に」は順序の関係を明確にする

1　並列型と直列型

　上手い文章は、文章全体の構成法を順序よく説明している文章です。順序として文章を並列にする場合と、直列にする場合で構成の仕方が変わります。

> 　「さらに」、「次に」など順序の関係を明確にすることです。文章を書いていて「さらに」の言葉を使用するときは、何について「さらに」か、を言わないと分かりづらい文となります。したがって、「第二に」「第三に」と順序で表すと誤解を与えることはありません。
>
> 　「さらに」「次に」は単なる接続詞と考えないで、一、二、三と順序で説明すると何が一で何が二なのかが分かり、伝わりやすくなります。文章の構成の方法を明示しておくと理解が早く間違いありません。

（1）並列型

　段落の文章を最初に総論として「Aとは何々である」と説明し、「a1は何々である」。「a2は何々である」と各論で説明します。総論を裏付けるのが各論です。総論と各論の主語の統一が分かりやすさになります。逆に主語を変えると分かり難い文章となります。並列型は、主題が1つの場合に適しています。

（2）直列型

　最初に総論として「AとはBである」と説明し、「BはCである」。「CはDである」「DはEである」と各論で説明します。直列型の場合は、各論の主語は直前の文のキーワードとなり、文章全体で総論を説明しています。したがって、物事の順序や道順を教えるときに用いられます。

> 　**キーワード**　読み手に伝わりやすい文章とは、文章の構成を早期に理解されるように導く文章です。

第6条　最初はすべての文章に主語を入れてみる

1　主語の明示

　一文章を段落ごとに、論理的につなげれば文章が構成されます。この展開の方法を理解していれば、パターン化により文章を構成できます。

　そこで大切なのが主語の明示です。この主語によって、どのように文章が構成されたのかが分かります。したがって、主語を意識して書かれた文章は分かりやすい文章となります。

　最初はすべての文章に主語を入れてみることです。主語・述語の関係は皆さんご存知ですが、現実の文章では、主語のない文章が多いのが事実です。

　対策として、文章作成時はすべて文章に主語を入れてみると、文章がどのようになっているかがよく分かります。簡単なようですが、できていない人が多いのは、主語を意識しないで書いているからです。

　キーワード　読み手に伝わりやすい文章は、主語のつながりが分かりやすく書かれている文章です。

第7条　「もの」や「こと」を使わないようにすると　　文章が明確になる

1　「もの」や「こと」

　「雪は、大気の上空でできる○○」の○○に入る言葉は「結晶」です。「結晶」と書くとより的確な言葉になりますし、なるほどと思われると思います。

　私たちは何気なく、「もの」や「こと」を数多く使用した文章を書いています。貴方が書いた文章を見てください。特に「もの」は何にでも使用できる「便利な言葉」であることから多用する人も多いのです。

> 　「もの」や「こと」を使わないようにすると文章が明確になります。
> 　「雪は、大気の上空でできる○○」。この○○に何を入れるかを聞くと大半の方は「もの」と回答されます。確かに「もの」でも間違いではありませんが、回答として具体的ではありません。
> 　「もの」「こと」を使用しない文章は何を指しているかが明確になります。同様に「など」もできるだけ最小限にとどめるべきです。具体的に書かれた文章は誤解のない文章です。

　キーワード　読み手に伝わりやすい文章は、文の構成で「もの」や「こと」を使用しない。

第8条　論文展開はパターンに当てはめて説明する

1　論文展開のパターン

　論文の展開をパターンに当てはめて説明すると理解されやすいです。説明側も整理して説明できますので各種のパターンを有効に使用してほしいのです。

（1）調査研究論文

　何について行った研究か、何を解決しようとした研究かを説明する場合に使用します。順序として研究の目的を述べ、現状の課題・実験や研究の方法、実験や研究から得られた結果を分析します。最後になぜそのようにするのか結論を示し結論から新たな方法に導く文章とします。

（2）説明が主体の論文

　説明内容を理解させる目的で使用します。順序として、結論である内容と理由を述べ、理由に基づく根拠を説明し、最後に全体のまとめを説明する。

（3）問題解決の論文

　手順として何が問題かを明確にし、次に解決策を明示し、解決後の効果と評価を行い、解決結果を説明する。

　論文展開は、次のパターンに当てはめて説明すると分かりやすい。
　A 調査研究論文では、目的、課題、方法、結果、結論の順で述べる。
　B 説明が主体の論文は、結論、理由、根拠、まとめの順で述べる。
　C 問題解決を報告する論文は、問題を明確にし、解決策を述べてから効果と評価の順で述べる。
　これらにより、重要な順や、読者が知りたい、整然として説明によって伝えたいことが伝わりやすくなります。

2 　論理的な文章を書くための具体的なパターン

　文章を作成する際、知っておきたいのが、論理的に文章を構成するルールです。以下によく使用される 2 つの事例を示します。作成論文の目的やテーマに沿って適切なものを使用ください。

　1. 分析事例、文章の各要素を重要な順に並べます。
　2. 問題解決事例、解決基準を述べてから解決策を書いていきます。

（1）分析事例

　分析事例では、説明する内容の各要素を重要な順に並べます。この分析事例は、対象物やプロセス、概念を要素ごとに分けて説明する場合に使用します。

> （例）変圧器は絶縁劣化による絶縁破壊が起こります。この原因を明確にしておく必要があります。
> 　1. 変圧器の運転によって、外気温と負荷電流の大小によって絶縁油の温度が大きく変化します。これにより、変圧器に取り付けられたブリザードで呼吸作用が行われます。このとき、ブリザード機器の劣化やシール部の不良により、絶縁油に酸素と水分が混入します。
> 　2. 酸素と水分の侵入により、絶縁油の酸化が促進し絶縁劣化し始め、絶縁油にはスラッジが生成し始めます。
> 　3. スラッジは変圧器コイル、鉄心、放熱面に付着し冷却効果が低下し、温度上昇が著しくなり絶縁物の熱劣化が加速します。
> 　4. 絶縁劣化の状態で運転を続けると過電圧などで部分放電が発生しサージ電圧や機械的ストレスにより絶縁破壊に至ります。

　この例では、「絶縁劣化の原因を明確にしておく必要がある」と総論を述べたうえで、その要因を各論で説明しています。各論は、変圧器の呼吸作用の説明から始まり、長時間の使用中に機器の劣化や不良と順次説明しています。そして、スラッジが生成し、スラッジにより絶縁物の熱劣化が加速、絶縁劣化の促進により絶縁破壊に至ると説明しています。

（2）問題解決の事例

　問題解決の事例では、現状の問題を挙げて、解決基準を述べてから対策を書き、成果を書いています。業務において問題を発見し、その問題を解決することも非常に重要なことです。この問題解決事例は、問題の解決方法を示し、疑問に対して答えることを目的としている場合に用います。

> （例）遊園地の切符売り場です。入場は誰よりも早くしたくてお客が並ばないで開園と同時に切符売り場に殺到します。時にはお客同士でけんかになることもありました。そのため、遊園地側では切符売り場の対策を講じることにしました。解決には来場者順の入場が原則です。対策は、お客の来場の順番が分かるようにポールとロープで一度に２人が並行に並べないように区画を設置し、遊園地周辺に先に来場した人から入園切符を買うのが原則とするポスターを貼り出すことにしました。この２点の実施で、かなりの成果が期待できます。

　この事例で文章を構成する際は、問題についての概要を述べます。次に、解決の基準を述べたうえで、解決や解答を述べます。その際、設定した問題に対して、その解決法が適していることを説明する必要があります。そのうえで、解決法を重要なものから、順に解説します。最後に、必要なら不完全な部分を補足し、解決法についての説明を加えます。

> **キーワード**　読み手に伝わりやすい文章は、論文展開のパターンを事前に整理された文章です。

第9条　文章を書き終えたら5W3Hで内容を確認する

1　5W3Hで文章を確認する

　文章を書き終えたら必ず確認しなくてはならないのが、いわゆる5W3Hで文章が作成されているかの確認です。これは、どのような文章でも書くときの大原則です。一般的には5W1Hですが、技術文章や数値的な文章では5W3Hが必要になります。なお、5W3Hはp.119を参照して下さい。

　また、場合によって「だれに Whom」を加えることもあります。読み手に疑問を持たせる内容の文章にならないように、場合によっては6W3Hがあるのです。これを一つ一つ確実に文章の中に入れることで文章そのものが分かりやすくなります。

> 　文章を書き終えたら前述の3章のp.119で述べた5W3Hの基本で内容を確認する。
> 　文章の内容により、だれに Whom を加えないと伝わらない場合があります。新聞などはこれらを丁寧に確認できますので、「だれに」を明確にする場合は忘れないでください。

> 　**キーワード**　読み手に伝わりやすい文章の基本は、5W3H が入っていることです。

第10条　推敲するときは、「だから、どうした」と自問自答する

1　「だから、どうした」

　「課長、今朝は風邪気味で熱が出ました」と電話連絡では、これでも通じるかもしれませんが、文章にするとこの内容では許されません。だから、どうするのかまでが分からないからです。電話内容を文章にすれば、「課長、今朝風邪気味で熱が出たので病院に行きます。休暇をお願いします」と書かなくてはなりません。文章を書いた後の確認として、自問するときに「だから、どうした」と確認し、自答する内容を文章として記述します。

　文章作成で大切なことは、読み手の要求事項に応えるように書くことです。作成後に行う推敲は、読み手の要求事項が書かれているか、「だから、どうした」を考える習慣をつけましょう。これにより文と文のつながりについても確認することができ、分かりやすい文章になります。

> 　作成した文章を推敲するときは、「だから、どうした」と自問自答します。
> 　文章を書きあげたら読み直しは絶対に必要です。この場合、自らを第三者にみたて「だから、どうした」と疑問を投げかけその答えが文章として記述されているかを確認してください。「だから、どうした」は読者が聞きたい事柄であり、結論です。結論を文章の初めに書くことは報告者として大切なことです。「だから、どうした」の答えが早い段階にあればよいのです。

> キーワード　読み手に伝わりやすい文章は、推敲するときの確認として「だから、どうした」と自問し、自答する内容が文章として記述されていることです。

　文章がひととおり完成したら、試験時は自らが推敲しなくてはなりませんが、文章を第三者にチェックしてもらえるならそれが良いと思います。

（1）校正のチェック項目

チェック項目	内容
文字校正	「てにをは」「の」が連続しすぎていないか。
口調	「ですます調」「である調」の統一。
接続詞	文書間の接続の整合性、「しかし」を多用しない。
用語の統一	用語の一貫性、用語の定義、用語の説明。
わかりやすさ	読みやすい、理解しやすい、親しみやすい。
ストーリー	合理的で整合性を確保、ストーリーの明確化。
説得力	読み手が納得できるか、読み手が賛同できるか。
精度	事実であるか、データは正しいか。
具体性	適度に事例が入っているか、イメージがわくか。

　これらの項目について、本来は文書を書く前に確認項目について、定義化しておくことがよい準備となります。

第6章
技術士試験　準備・実践編

　本章では、技術士第二次試験の論文を作成するための準備
事項について説明します。準備の良さが合否を決めます。

　そして、試験準備の後は試験の本番です。試験は7月の中
旬に行われます。試験当日に行うことを、開始時、試験時、
試験終了毎にまとめて試験対策として説明します。

1　キーワード学習は過去問題の分析から

1　多くのキーワードを覚える

　技術士第二次試験の試験勉強の方法について説明します。本試験には、筆記試験と口頭試験があります。口頭試験は筆記試験に合格した方が試験を受けることができます。

　今回は筆記試験について勉強方法を説明します。試験対策としてキーワード学習を行います。多くのキーワードを覚え、そのキーワードの内容から解答論文が記述できるようにしてください。

キーワード抽出元

1. 受験部門の選択科目に関し、過去5年間以上の過去問題からキーワードを抽出整理します。特にどの分野から出題されているかを調べることが試験対策となります。
2. 政府機関の法律やガイドライン、計画、白書
3. 当該の学会誌
4. 当該部門の業界新聞
5. 当該部門の専門雑誌
6. 関係する資格試験の参考書
7. 教科書などから抽出します。

2　三分割展開法でのキーワードの作り方

1　覚えて、アウトプットできる「キーワード」

　目標300個を覚えアウトプットできる状態にします（三分割展開法の資料は次ページ参照）。

1.　前項で抽出したキーワードは三分割展開法に合わせ整理します（原理原則・課題・問題・解決策・効果・将来動向など、書くことができない項目は飛ばして書ける項目を書きます）。
2.　キーワードは重要度分類し、優先順位でA/B/Cのランク分けします。
3.　問題に忠実な答案を記述するために、キーワードと関係する図や、グラフ、体系図などや、具体的な数値、データも含め収集します。
4.　試験は手書き論文を考慮すると、できるだけ手書きでまとめるのがお勧めです。
5.　キーワードは覚えて、アウトプットできることが試験対策です。

　論文作成になれることも準備のひとつです。その方法として業務を通じで行うことをお勧めします。

1.　昨今は、パソコン抜きでは語れません。キーワードの内容充実にもパソコン検索で情報は得られます。しかし、試験は手書きの論文記述であることから、対策として、業務の一環で、文章を書くことを積極的に取組んでください。業務日誌、議事録、技術報告書など休日の勉強は、過去問題に関し時間を区切り論文を書いてみましょう。
2.　自分の記述スピードを知っておくことが準備としては必要です。600字詰用紙を20分で書けるようになってください。選択科目ⅡとⅢで6枚の600字詰用紙を用いて試験時間は3.5時間です。記述前の取り組みや、試験後の確認を含めると1文字2秒のスピードが必要です。

2　キーワード学習

合否を左右する重要なキーワード

──●キーワード整理！──

選択科目のためのキーワード抽出と整理の仕方

すべてのキーワードを三分割展開法で整理する

◆基本原理・現状、背景・意義・位置づけ・あるべき姿　公知の法則と原理、数値データ、概念図も適時入れます。

◆本質と現状技術　どのような方法で工業化されどのような分野で使われているか、その現状と課題と問題点はあるか（国内海外から眺めた内容）。

◆応用と技術展望　将来の課題および技術の改善ならびに他の分野への応用は可能か600字詰めの用紙1〜3枚以内で記述します。

目標とすべきキーワード個数

0 〜 100 個　　：合格は、難しい。

100 〜 200 個　：まれに合格する人がいる。

200 〜 300 個　：合格の可能性がある。

300 個超〜　　：合格の可能性がかなり高い。

3　三分割展開法*とは

筆記試験用キーワード抽出整理方法について

重要ポイント

　想定予想問題のキーワードをいかに多く準備するかで合否が決まります。過去の出題および話題になったキーワードを抽出する、問題を解くのではなく傾向や本質を見抜くことが必要です。答案記述のための範囲、構成、骨格を決めるための重要な準備作業（Preliminary work）です。

* 三分割展開法は、株式会社日本技術サービス（JES）の登録商標です。

　最初に論文構成に必要な起承転結（4 段構成）を理解しましょう。

起とは何か（Introduction）

　伝える人に共通の土俵に上がってもらうための基本的な背景などの説明です。

承とは何か（Subject Area）

　あなたが伝えたいこと、または相手が知りたい記述したい領域の情報のサプライであるとともに、専門分野の絞り込んだ技術情報です。

転とは何か（Fact & Discussion）

　既知技術の実態と新技術情報の詳細内容を思考展開する表現プロセスです。

結とは何か（Conclusion）

　現時点の技術と将来動向を考察または結論です。

事例（Case 1.）技術文章の事例

　技術論文は、序論・本論・結論になることが通例であり、起承をまとめると三分割展開法と類似していると考察します。

　　（起承）現在の状況、課題と問題点、事実の現象

　　（転）技術の詳細と対策と応用展開

　　（結）現時点での評価と見識、考察と今後の展開について

事例（Case 2.）頼 山陽（らい さんよう）俗謡の事例

　出典によっては多少の言葉に相違があるが良く知られているものです。

　　（起）「京の三条の」糸屋の娘

　　（承）姉は十六妹十四

　　（転）諸国大名（諸国諸大名）は弓矢（刀）で殺す（斬るが）

　　（結）糸屋の娘は目（眼）で殺す

　日本の伝統的な芸道では文章構成など三段構成の概念から引用参考にされています（三段構成の序破急・じょはきゅう）。現代舞台の三幕構成など類似語があります。他、起承鋪叙結（五段構成）もあります。

キーワード抽出整理方法

1st. Stage

　少なくても過去5年間の出題された内容からキーワード抽出整理します。A4ノートブックを各々部門の受験選択科目は当然、その他、不得意とする選択科目についても科目ごとにノートを1冊用意して1頁1キーワードの標題、見出し（Head-line or indexes）を付けて整理します。図表など貼り付ける余白を空けておくものとします。

2nd. Stage

　抽出キーワードに対する答案情報を具体的に技術専門誌など選定して技術データなどを収集します。

3rd. Stage

　キーワードの重要度の優先順位（Priority）をA. B. C.ランク位に振り分けます。

4th. Stage

　答案の基本は起承転結の論文構成にする必要がありますが、全部門共通での
キーワードは三分割展開法で整理できます。ただし、解答論文を作成時に、
5th. Stage において専門知識と応用能力、問題解決能力および課題遂行能力に
より出題の意図に合わせて表現を変更することが必要です。

　答案用紙の文字記述欄の配分（AAZ・Answer Aria/blank space Zone）を
考えて記述することが重要です。特に出題予想が高いとされる A ランクのキ
ーワードから各々箇条にて書き出し、25 文字以内または短文 50 から 60 文字
程度の内容で記述します。600 字詰めの用紙 1 枚以内で記述することが望まし
いと思われます。

最も重要で注意すべき事項

5th. Stage

　出題された問題に含まれるキーワードに対して、忠実な答案を適切に記述表
現することが重要です。答案には思考の過程プロセスを重視して表現する必要
があります。

　出題文に含まれる質問のキーワードに置き換えて、同じ見出し項目番号を付
けることが基本で重要です。

キーワードシート

1. 原理原則基礎技術、○○
2. 課題を1点、問題点を3点。
3. 技術レベル応用技術
4. 技術効果と便益
5. 評価と将来動向

＊適当なキーワードを入れて解答する。
　例）燃料電池、構造計算、焼入れ、インターネット、農薬、内部収益率（IRR）
　　　など。

1.（起承）事例 燃料電池、コンパクトシティ、社会資本整備
　1）原理原則基礎技術、○○の現状、○○のあるべき姿

　2）課題と問題点（課題を遂行すべき解決項目）

2.（転）現時点での技術レベル、応用分野など
　3）現状の技術と応用分野

3.（結）その技術がもたらす便益貢献
　4）技術効果と成果

　5）現時点の技術評価と将来動向

参考資料

【キーワード用参考資料】

　技術士の試験を受験するにあたり、ご自身の業務経験を基に「技術部門」、「選択科目」を選択されたと思います。試験対策としてキーワード作成が必要です。キーワードはまずは過去問題から抽出すればよいと思いますが、その他には最近の社会の動向などもチェックしておくことが必要です。

　キーワードをまとめるにはこれまで使用してきた技術資料や文献、マニュアル規格等が技術士試験の参考資料としても有効です。また、ご自身が使用した「学校の教科書」も活用できます。最近の技術動向（特に技術部門に関係する）とともに、産業動向、社会動向を把握する必要があります。

　法律は改正部分に注意が必要です。改正される理由の一つが日本の課題や課題解決策が具体的に書かれています。

　また、法律の制度自体が現状に合わなくなったもので、改正により何が現状に合わないのかを知ることができます。

　その他にも、新法も同様です。何故新しく法律ができたのか理由が分かります。これらは日本が抱える課題であったり、解決策などが書かれる場合が多くありますのでチェックの対象となります。

　政府がまとめる各種の白書は現在の日本の現状を上手くまとめています。そして、その中には必ず課題や解決策が載せられており、大変参考になります。

　その他には、各種業界雑誌、業界新聞等だけでなく、新聞やテレビの情報にも関心を持ってください。これらを踏まえて、参考文献を示します。また、専門用語等はインターネットで調べることも有効です上手く利用してください。

【一般的な参考資料】

　政府刊行物（法律、国土交通白書、観光白書、防災白書、環境白書 循環型社会白書、ものづくり白書、エネルギー白書、通商白書、中小企業白書、情報通信白書等）日経新聞、一般新聞、各種業界新聞、現代用語の基礎知識、テレビ番組（技術や産業に関する番組、社会的関心の高いニュース等）

【建設部門・専門分野の資料】
学校で使用していた教科書、日経コンストラクション、日経グローカル、月刊建設（全日本建設技術協会）、月刊建設オピニオン（建設公論社）、ACe 建設業界（日本建設業連合会）、土木技術（理工図書）、土木施工（山海堂）、基礎工（総合土木研究所）、CE 建設業界（日本土木工業協会）、新都市（都市計画協会）、道路（日本道路協会）、鋼構造ジャーナル（鋼構造出版）、セメント・コンクリート（セメント協会）、河川（日本河川協会）、海岸（全国海岸協会）、電力土木（電力土木技術協会）、トンネルと地下（土木工学社）、建設マネジメント技術（一般財団法人経済調査会）、その他：選択科目の雑誌

【関係する Web サイト】
国土交通省　　http://www.mlit.go.jp/　　※重要
環境省　　http://www.env.go.jp/
観光庁　　http://www.mlit.go.jp/kankocho/
土木学会　　http://www.jsce.or.jp/
日本鋼構造協会　　http://www.jssc.or.jp/
日本コンクリート工学会　　http://www.jci-net.or.jp/
日本都市計画学会　　https://www.cpij.or.jp/
都市計画協会　　http://www.tokeikyou.or.jp/index.html
日本河川協会　　http://www.japanriver.or.jp/
日本海洋学会　　http://kaiyo-gakkai.jp/jos/
砂防学会　　https://jsece.or.jp/
日本港湾経済学会　　http://port-economics.jp/
電力土木技術協会　　http://www.jepoc.or.jp/
日本道路協会　　https://www.road.or.jp/
日本鉄道技術協会　　http://www.jrea.or.jp/
日本トンネル技術協会　　http://www.japan-tunnel.org/
全日本建設技術協会　　https://www.zenken.com/index.html
日本建設業連合会　　https://www.nikkenren.com/
日経 XTECH　　https://tech.nikkeibp.co.jp/top/building/index.html
Web ラーニングプラザ　http://weblearningplaza.jst.go.jp/

【機械部門・専門分野の資料】
学校の教科書、機械工学便覧（日本機械学会）、機械実用便覧（日本機械学会）、
機械設計図書便覧（共立出版）、工業材料便覧（日刊工業新聞社）、機械用語辞
典（工業教育研究会）、機械工学辞典（朝倉書店）、日経ハイテク辞典（日経産
業新聞社）、日経グローカル、日経 XTECH、日経ものづくり（日経 BP 社）、日
本機械学会誌（日本機械学会）、機械設計（日刊工業新聞社）、産業機械（日本
産業機械工業会）、計測と制御（計測自動制御学会）、日本エネルギー学会誌（日
本エネルギー学会）、雑誌自動車技術（自動車技術会）、火力原子力発電（火力
原子力発電協会）、
その他：選択科目の雑誌

【関係する Web サイト】
経済産業省　　　http://www.meti.go.jp/
国土交通省　　　http://www.mlit.go.jp/
環境省　　　http://www.env.go.jp/
日本機械学会　　　https://www.jsme.or.jp/
日本エネルギー学会　　　https://www.jie.or.jp/
日本ロボット学会　　　https://www.rsj.or.jp/
日本ものつくり学会　　　https://sites.google.com/site/monotsukurikai/
日本設計工学会　　　http://www.jsde.or.jp/japanese/index.html
応用物理学会　　　https://www.jsap.or.jp/
産業機械工業会　　　https://www.jsim.or.jp/
科学技術振興機構　　　http://www.jst.go.jp/
Web ラーニングプラザ http://weblearningplaza.jst.go.jp/
日経 XTECH　https://tech.nikkeibp.co.jp/top/building/index.html
失敗知識データベース http://shippai.jst.go.jp/fkd/Search

【電気・電子部門・専門分野の資料】
学校の教科書、電気工学ハンドブック（電気学会）、電子情報通信ハンドブック（電子情報通信学会）、光学技術ハンドブック（朝倉書店）、電気設備工学ハンドブック（電気設備学会）、電気電子用語大辞典（オーム社）、電子情報通信ハンドブック（オーム社）、レーザハンドブック（朝倉書店）、電気工学ハンドブック（オーム社）、電気技術者のための最新ｷｰﾃｸﾉﾛｼﾞ-精選（オーム社）、送配電工学（電気学会）、ＰＬ対策のすべて（中経出版）、電気学会誌、電子情報通信学会誌、電気設備学会誌、電設技術（日本電設工業会）、各種電験用試験参考書、基本情報技術者試験参考書、計測と制御（計測自動制御学会）、月刊誌電気計算日経コンピュータ、月刊誌オーム、月刊誌電気計算、日経ものづくり（日経BP社）、月刊誌電子材料、火力原子力発電（火力原子力発電協会）、月刊誌エレクトロニクス、日経XTECH、その他：選択科目の雑誌

【関係するWebサイト】
経済産業省　　　http://www.meti.go.jp/
環境省　http://www.env.go.jp/
国土交通省　　　http://www.mlit.go.jp/
電気学会　　　　http://www.iee.jp/
電気設備学会　　　https://www.ieiej.or.jp/
照明学会　　　　https://www.ieij.or.jp/
日本エネルギー学会　　　https://www.jie.or.jp/
日本太陽エネルギー学会　　　https://www.jses-solar.jp/
公益社団法人　日本電気技術者協会　　　http://www.jeea.or.jp/
電気入門　　　http://denkinyumon.web.fc2.com/
電気新聞　http://www.shimbun.denki.or.jp/index.html
地球資源論研究室　　　　http://home.hiroshima-u.ac.jp/er/index.html
科学技術振興機構　http://www.jst.go.jp/
東京電気技術教育センター　　　http://www.denkikyoiku.co.jp/
Webラーニングプラザ http://weblearningplaza.jst.go.jp/
失敗知識データベース http://shippai.jst.go.jp/fkd/Search
日経XTECH　https://tech.nikkeibp.co.jp/top/building/index.html

3 勉強方法について

1 全体計画の策定

　仕事をしながら技術士第二次試験にチャレンジされる皆さんは、ひと時も無駄な時間はありません。したがって、すべての行動が試験準備のひとつになるように行動してください。

　受験を計画したときから7月の筆記試験日までの全体計画を策定し、毎週計画と実績の差を確認し、進捗に合わせ順次見直しを行い、目標達成させてください。

　計画の項目としては、キーワード学習、筆記速度の確認、過去問題からの論点の絞り込みチェック、共通キーワードの考え方まとめ、などを行ってください。

　勉強は「いつ行うか」、徹底した隙間時間の活用です。そして、基本はキーワードを覚えることです。決してキーワードシートをつくることではありません

1. 隙間時間の有効利用ができるように常に資料を持ち歩く。例として、ボイスレコーダ、スマホ、タブレット、単語帳など。
2. 起床してすぐに自宅で1時間。
3. 通勤・退勤の電車・バス途上でも行います。
4. 会社で始業前に30分間。
5. 昼休み30分間。
6. 帰宅後1時間行います。2〜6を合わせると平日は1日3時間の勉強となります。
7. 休日：平日と休日では勉強時間が違いますので試験準備内容も違います。「どのように行うか」効果的な記憶力定着方法を見つける。アウトプットの実施により理解度の確認をします。
8. セルフレクチャ：キーワードリストだけで何も見ないで自分がどの程度答えられるか。毎月特定の日を決めて同じ問題を繰り返し確認することで理解の進捗度を確認します。
9. 例えば、1時間勉強を行ったら、最後の10分間を復習に充てます。それを繰り返します。
10. 寝る前に1日に覚えたキーワードを再確認して寝ます。朝起きて昨夜覚えたことを覚えているか確認し、再度覚えます。これを繰り返します。
11. 五感を使用する勉強法、手書きと声を出し、キーワードに記憶のきっかけを残します。
12. 机上だけが勉強方法ではありません。いろいろな場所で勉強ができます。

2 共通キーワード

　共通キーワードについて、自分で必要と思うものを 200 字程度の短文でまとめておくとよいでしょう。以下に例を示します。専門分野以外であっても自分の考え方は事前にまとめておくことが対策になります。以下は、共通のキーワード（参考）です。

地球温暖化対策	BCP 計画
環境負荷低減	大型廃棄プロセス
温室効果ガス排出削減	公共施設老朽化対策
再生可能エネルギー	Iot/AI 利用拡大
省エネルギー	サプライチェーン
環境保全・環境問題	自然災害と防災・減災
高効率化	クラウド・ビックデータ活用
熱利用（サーマルリサイクル）	ライフライン確保
循環型社会	地下資源・レアアース確保
3R 推進	企業のグローバル化
SEG 経営	PFI/PPP 採用
情報セキュリティー	TPP/EPA 対策
少子高齢化社会	バイオマス利用拡大
ICT（IOT）利用拡大	生物多様化
Society 5.0	量子コンピュータ
RPA	SDGs（持続可能な開発目標）
ブロックチェーン	MaaS（データ統合）
少子高齢化と人口減少	DX（デジタルトランスフォーメーション）

　第 7 章では 6 部門（建設・機械・電気電子・上下水道・農業・環境の各部門）のキーワード表を載せていますので参考にしましょう。

4 試験準備の確認

1 試験勉強の全体計画を策定

　準備の良さが合否を決めます。では、どのような準備を行えばよいのでしょうか、確認しておきましょう。これらの準備は試験の前日に行っても意味がありません。試験勉強全体の計画を策定して取り組んでください。

1. キーワード学習で300個以上のキーワードを覚えアウトプットできる状態にします。特に覚えることに集中し、毎日の勉強を習慣化してください。
2. キーワードシートには、図や表、グラフ、体系図など関連データを必ず入れて下さい。特に、図は数多く準備しておくと試験時に有効です。メーカパンフレット、白書などから抽出してください。
3. 共通キーワード（前頁共通キーワード）について考え方を短文でまとめておきます。
4. 関係省庁の法律やガイドライン、計画、白書などを必ず確認します（必須です）。特に何が課題となっているかを確認します。
5. 自分の文章力、文字を書くスピードを確認しておきます。600字詰用紙1枚20分を目標としてください。
6. Ⅲ選択科目の過去問題を時間制限内で書く訓練をします。特に解答の骨子とレイアウトまでの時間を20分程度にできるようにします。
7. 日頃から業務で文章を書くように努め、業務と訓練を両立させます。
8. ひとつのキーワードに関連付けて覚えます。
9. 分かりやすい論文の書き方を理解し、実践します。特に試験官に理解してもらうためにどのように書かなくてはならないかを考えます。
10. 準備に100%はありません。キーワード覚えるために、ボイスレコーダにキーワードを入力することも準備です。筆記具や消しゴムなども事前に自分に合ったものを購入することも準備です。

5　試験当日に行うこと

1　試験開始前に行うこと

1. 技術士第二次試験は 7 月中旬に実施されます。夏の盛りです体調管理には気をつけましょう。
2. 試験会場は事前に確認しておくのがよいでしょう。試験当日は最低でも 30 分前には到着するようにする。汗が引いた後から試験開始になるように、心の準備と最終確認を含め時間に余裕ある行動をしましょう。
3. 弁当は会場近くのコンビニでは売り切れの可能性もあります。レストランや食堂も混雑が予想されますので弁当の持参をお勧めします。
4. 当日の持ち物を最終確認しましょう。受験票がなくては受験できません。受験票はスマートフォンで写真を撮っておくとよいでしょう。電卓、直線定規、シャープペン 3 本（0.5 mm 以上 0.7 mm で芯の硬さは B 以上が好ましい）、消しゴム 2 個、タオル、キーワード集、参考書（電車の中でも勉強）。

2　試験開始時に行うこと

1. 解答用紙が配布されたら受験番号、技術部門、選択科目、専門とする事項、問題番号を最初に記入します。
2. 試験問題の番号を未記入で提出する人がいます。試験時どれを解こうか迷い、書く試験問題が決定したときは、後で書こうとして忘れるのです。
3. 解答用紙の頁数を間違えている人がいます。1 枚問題・2 枚問題・3 枚問題に合わせて記入してください。
4. 試験問題を見て論文が書けないと判断したときの対応。まず、白紙で

　提出しないことです。章立てや段落を決めたら問題文から自分が記憶している技術内容を思い出して記載します。わずかでも点数が加点されるように図・表・フロー図・体系図等問題に関係する技術内容を記述し、設問に忠実な論文内容を工夫しましょう。

5. トイレは事前に行っておき、試験中に行かなくても済むようにします。やむを得ない場合は、トイレは我慢しないで手を上げて係員の指示を受けて退出します。

6. シャープペンや消しゴムが机から落ちても、探さず別のものを使用します。

3　試験終了時に行うこと

1. 試験監督員から試験終了の声がするまで書き続けます。簡単に終了しないで最後まで諦めず論文を書くか、解答内容を確認します。

2. 口頭試験対策として問題用紙の空きスペースか裏面などに筆記試験の解答内容をメモします。

3. 試験終了前に途中退出では問題用紙は持って退出できません。したがって、終了時間まで残って、問題用紙に記述した解答のメモを必ず持ち帰って下さい。

4　試験日対策として行うこと

　試験終了後、早い時間（当日の帰宅前が良い）に復元論文を作成し、口頭試験対策に備えます。

第7章
技術士試験（3部門）論文の書き方の実例

　本章は、最初に論文の書き方を説明し、キーワードの事例を6部門それぞれに300個を抽出しています。また、解答論文の書き方を実例として建設部門、機械部門、電気電子部門の3部門の必須科目は令和元年度、選択科目は令和3年度の過去問題について行っています。解答論文作成の参考にできる内容となっています。

1 論文の解答方法とキーワード事例

　論文の解答方法の取り組み方を具体的に見てみましょう。論文を記述するにはキーワードから作成するのが一般的ですが、自分の業務や会社の内容から説明することもできます。事例は、建設・機械・電気電子・上下水道・農業・環境の各部門からです。

1 キーワード展開による論文作成

　キーワード展開による論文作成方法は、キーワード学習として行った三分割展開法を用いたキーワードシートを記憶し、設問で求められたキーワードに対して、基礎技術（原理原則）・課題・解決策・リスク・効果・将来動向などを記述する方法です。

　この方法は、充実した内容のキーワードを問題文に合わせることで対応は可能です。試験時の対応としては最も一般的な方法です。

2 キーワードと自分の業務に対応させて論文を作成

　キーワードと自分の業務に対応させて論文作成する方法は、試験問題のキーワードに対して基礎技術部分を記述し、課題・解決策・効果など問題の質問項目を自分の業務内容や職場の現状に置き換えて記述する方法です。

　この記述方法は、自分の業務や会社の事実で記述することから具体的で大変まとめやすい方法です。しかし、職種や問題内容によってもすべてに適用できない場合があります。

　7-2節以降に、建設部門、機械部門と電気電子部門の必須科目は令和元年度、選択科目は令和3年度問題について論文を作成していますので参考にしてください。

3 キーワード事例集

　過去に出題された問題のキーワードおよび今話題になっているキーワードと想定されるキーワードについて対応できるようにキーワード事例を以下に約300個示します。さらに各自で受験部門に必要なものを追加してください。

　次に技術部門のキーワード事例を示します。

　（1）建設部門、（2）機械部門、（3）電気・電子部門、（4）上下水道部門、（5）農業部門、（6）環境部門

（1）建設部門　過去問題から

公共工事設計労務単価	流水型ダム	災害対策基本法
労働災害死亡者数	土砂災害	循環型社会の形成
社会資本の整備	設計津波	我が国の建設産業
ETC	インフラ・ストック効果	我が国の交通ネットワーク
中央新幹線	スウェーデン式サウンディング試験	社会資本ストック
全国新幹線鉄道整備法	社会インフラのストック効果	我が国のバリアフリー化
下水道処理人口普及率	国土形成計画法	国土交通分野の情報化施策
公共工事の品質確保の法律	構造物の安全性と機能性	鋼構造物の特徴（長所・短所）
JIS Q 9001:2015	作業船と建設機械	WTO/TBT 協定
CM 方式	ビジット・ジャパン・キャンペーン	ISO 9000
住宅の品質確保の法律	基礎の構造形式	ISO 14000
公共事業におけるコスト縮減	水質汚濁に関する環境基準	ISO 31000
総合評価落札方式	気候変動	調整池式水力発電
施工能力評価型	限界状態設計法	コンバインドサイクル発電
技術提案評価型	津波	軽水炉型原子力発電
ユニットプライス型積算方式	ライフサイクルコスト	洋上風力発電
都市再生	周辺地盤の挙動	バイオマス発電
地方再生	道路の線形設計	飽和粘土
地域再生基本方針	視距	ヤング係数
地域の雇用再生プログラム	道路緑化	マニングの平均流速公式
地域の再チャレンジ推進プログラム	アスファルト舗装	粗骨材の最大寸法
地球温暖化対策推進プログラム	地すべり対策工	都市再生緊急整備地域内
都市再生基本方針	自転車ネットワーク計画	レッドリストのカテゴリー定義
歴史的街並み	環境影響評価法	絶滅の危機
地方都市圏の中核都市	水循環基本法	存続基盤
公共交通の利便性向上	水質汚濁防止対策	CO_2 排出量と排出係数
河川法の目的	災害・防災	コンセッション方式

活動火山対策特別措置法	鋼構造物の長寿命化	圧密を伴う土の三軸圧縮試験
水防法	鋼構造物の製作と据付時の精度	重力式擁壁の常時の安定性
総合的な土砂災害対策	軟弱な不透水性の粘性土層	新設構造物基礎の液状化対策
首都直下地震対策推進基本計画	シールドエ法	土留め（山留め）掘削
海岸保全区域の保全	山岳工法	杭基礎の計画
公共インフラの耐震化	開削トンネル工事（CASE-B）	切土材転用する計画
洪水ハザードマップ	軟弱地盤対策工	耐震設計法
津波防災地域づくりに関する法律	シールド発進立坑工事(CASE-A)	精度確保するための着目点
循環型社会	建設工事の施工計画	高サイクル疲労と低サイクル疲労の特徴
資材の再資源化に関する法律	コンクリート構造物	地震発生後の鋼構造物の点検
特定建設資材	コンクリートの劣化機構	コンクリートの充填不良
リサイクルポート（総合静脈物流拠点港）	耐久性能の回復	構造物の安全性や耐久性
リサイクルの促進	公共事業コスト構造改善プログラム	プレストレストコンクリート構造物
廃棄物の処理に関する法律	土留め工法	水和熱に起因する温度ひび割れ
再資源化率	発生しやすい初期ひび割れ	電気化学的補修工法
建設業就業者数	水質の課題	鋼構造物に損傷
売上高経常利益率	リサイクルに関する課題	鋼構造物の現場継手
工事受注実績	建設作業騒音と自動車交通騒音	標準貫入試験
交通政策基本法	生物多様性	経年劣化かぶりコンクリート
交通政策基本計画	豪雨の局地化、集中化、激甚化	都市計画法
道路空間の無電柱化	低炭素まちづくり	良好な景観の形成に資する制度
高度道路交通システム（ITS）	杭基礎、地盤改良、グラウンドアンカー	都市交通に関する手法
渋滞回避支援	社会インフラの老朽化対策	都市の低炭素化
安全運転支援	先進的な技術・ノウハウ・制度	大都市における国際競争力
災害時の支援情報提供	地球的な気候変動	防災を明確に意識した都市
大型台風とゼロメートル地帯	健康寿命の延伸	河川堤防の構造・強化対策
品質マネジメントシステム	空き家対策	ダム施設の各種点検・検査
リピートビジネス	ICT技術	土砂災害の特徴
メタンハイドレート	大規模な自然災害	設計高潮位の設定方法
開削工法	気候変動に伴う自然災害	自然災害の被害の最小化
軟弱地盤上の盛土の施工	大規模地震の発生	災害復旧事業
鉄筋コンクリート構造物の耐久性性	輸送技術革新	費用便益分析
CCS（二酸化炭素回収・貯留）	スマートコミュニティ	ベースロード電源
渋滞対策	京都議定書	鉄筋コンクリート構造
工事の事故防止	施工パッケージ型積算方式	土木・建築にかかる設計の基本
鉄道高架橋構造物	コールドジョイント	設計基準強度
列車走行に伴う騒音	大深度地下	マニング（Manning）
ロングレールの管理	補強土工法	リスクアセスメント
大都市圏の鉄道	労働災害の統計と強度率	フライアッシュ
鉄道の速度向上	トラフィカビリティー	薬液注入工法

トランジットモール	社会資本整備	施設等の整備計画
GEONET（ジオネット）	鉄道の安全・安定輸送	滑走路増厚施工
電子基準点（GPS連続観測点）	高品質な社会基盤の整備	環境影響評価
国土交通省インフラ長寿命化計画	社会資本の品質確保	リモートセンシング技術
地盤の圧密現象	免震ゴム支承の偽装	地盤改良技術
水平方向地盤反力係数	落橋防止装置の溶接不良	水力エネルギー
盛土を施工	気候変動枠組条約	耐震性能の検証
杭基礎の周面摩擦力	東日本大震災復興基本法	線状構造物の掘削工
模式図	国土のグランドデザイン2050	定期点検の対象施設
軟弱地盤上に道路機能	公共工事の品質確保施策	円形の平面交差点形式
振動障害	再生可能エネルギー	路面温度上昇抑制
架設工法	国土利用計画法	地下排水工の設置
全体崩壊	首都・近畿・中部圏整備法	道路計画
外部欠陥と内部欠陥	我が国における建設産業	大規模なトンネル工事
鉄筋コンクリート構造物の劣化機構	社会資本の老朽化	鉄道駅ホームにホームドア
水中不分離性コンクリート	バリアフリー化の現状	鉄道構造物の耐震設計
簡易動的コーン貫入試験	半島振興法	のり面の崩壊防止
複合構造	乾燥収縮ひび割れの発生メカニズム	脱線にいたるメカニズム
鋼構造物の性能	景観法	ボックスカルバート構造
コンクリート工事におけるリスク管理	都市再開発法	コンクリート片の剥落事象
エリアマネジメントの活動	防災街区整備促進の法律	山岳工法トンネルの鋼製支保工
都市再生特別措置法	都市緑地法	軟弱粘性土地盤を改良
駐車場法第20条	二酸化炭素排出量の推移	盤ぶくれ
市街地再開発事業	土壌汚染対策法	土圧式シールドと泥水式シールド
施設の老朽化対策	地球温暖化対策	密閉型シールドトンネル工事
経常的な維持・修繕	健全度評価の方法	地下水位の高い地盤
大規模な改良・更新工事	ケーソン式混成堤	設計・施工一括発注方式
自然事象に応じた耐性確保	空港アスファルト舗装	墜落・転落災害を防止
アルカリシリカ反応（ASR）	情報化施工	コンクリート施工
道路構造物の老朽化	コンセッション方式によるPFI事業	社会インフラのフロー効果とストック効果
インフラみらいMAPプロジェクト	第5次社会資本整備重点計画	地方ブロックにおける社会資本整備重点計画
アセットマネジメント	インフラメンテナンス2.0	戦略的維持管理
メンテナンスサイクル	ライフサイクルコスト	インフラ長寿命化基本計画
気候変動による災害リスク増大	水害対策	流域治水関連法
土砂災害対策	ハザードマップ	公共インフラの耐震化率
気候変動適応計画	防災・減災・国土強靭化のための5か年加速化対策	BIM/CIM
建設業の労働生産性	建設投資額	i-Construction

建設キャリアアップシステム	建設業働き方加速化プログラム	建設工事における適正な工期設定ガイドライン
国土交通省生産性革命プロジェクト	女性定着促進に向けた建設産業行動計画	PRE（公的不動産）
コンパクト＋ネットワーク	グリーンインフラ	建設リサイクル法
再生可能エネルギー	生態系ネットワーク	地球温暖化対策推進法
エコまち法	パリ協定	ユニバーサルデザイン
エネルギー基本計画	インフラシステム海外展開戦略2025	GX（グリーン・トランスフォーメーション）

（2）機械部門　過去問題から

FMEA	平面応力状態	熱電併給コジェネシステム
機械要素設計	PLM	各種　流量計
先端に集中荷重	周波数応答曲線	清浄度の高いクリーンルーム
両端支持梁の中央に集中荷重	再生可能エネルギー	駆動部で騒音
1 支点系正弦加振力振動	減衰性能	位置決め精度
フィードバック系の特性方程式	動吸振器	CFD
各種原動機、水車、風車等	ルノー効率	ターボ機械
LNG 燃料の複合サイクル発電プラント	オンサイト型コジェネレーション	オイラーの式
熱伝導に関する記述	燃料電池	多翼ファン（シロッコファン）
カルノーサイクル、逆カルノーサイクル、ランキンサイクル	振動を実験的に計測・分析	ラジアルファン
ターボ型のポンプのサージング	連成振動の発生メカニズム	後向き羽根ファン
工作機械	ごみ発電の発電効率	騒音発生原因
生産管理システム	水冷式復水器	切削加工を高精度、高能率
車両の走行・運動性能	空冷式復水器	NC 工作機械
4 サイクルエンジンの絶縁振動装置	熱貫流率	CNC 装置
図面の表記方法（三角法）	低温エコノマイザ	3 次元ソリッドシステム
各種のアクチュエータ機構	エコノマイザの伝熱面積	産業用ロボット
フィードバック制御系の安定性	ボイラの主蒸気条件	鞭効果（ブルウィップ効果）
各種センサー種類、原理と特徴	低空気比燃焼	振動要因
VE（Value Engineering）	理想空燃比	クリーンディーゼルエンジン
工業製品のライフサイクル	燃焼空気量	ディーゼルエンジン排出ガス規制
動特性把握の実験モード解析	抽気復水タービン	非破壊検査
加振方法や供試体の支持方法	飽和液線	目視点検と打音検査
ガスタービン燃料電池複合発電	過熱蒸気域	各種熱処理
微粉炭焚ボイラ	飽和蒸気線	ティーチング・プレイバック方式
一様流の中の平板にかかる力	臨界圧力	産業用ロボットのティーチング
非接触加工法	二相域	搬送ロボット
繊維強化複合材料	湿り蒸気の乾き度	災害対応ロボット
位置検出方式	等エントロピー線	回転位置検出センサ
3D プリンタの方式	熱力学の基本法則	パワーアシスト方式
ISO 12100（JIS B 9700）	固体高分子型燃料電池	リハビリ・ロボット
金属材料の破面形態	エネルギー保存則	装着型ロボット
自励振動	固体酸化物型燃料電池	水平多関節型ロボット
蒸気タービン	エントロピー	位置決め精度向上
放射伝熱	水撃作用	機器の使用者マニュアル
ターボポンプ	フライホイール	製品開発（マーケットイン）
工作機械に作用する力	カルマン渦列	製品開発（プロダクトアウト）
騒音対策法	レイノルズ数	不良率が高止まり
多自由度マニピュレータ	ストローハル数	歩留まり

ミーゼスの降伏条件	排熱利用システム	プラスチック：熱可塑性と熱硬化性
ひずみ速度依存性	排出量（除去体積）	失敗学
非拘束型と拘束型制振材料	データの検定	人工知能（AI）活用
直噴式圧縮点火機関の排出物対策	モンテカルロシミュレーション	汎用 AI
地球の気温上昇のメカニズム	丸め誤差	電気自動車
乱流の数値計算手法	電気アクチュエータ	学習アルゴリズム
デカップリングポイント	DC モータ	エネルギー基本計画
歯車の並行軸、交差軸、食違い軸	ブラシレス DC モータ	エネルギー政策
PTP 制御方式と CP 制御方式	速度フィードバック	徹底した省エネルギー社会の実現
マスカスタマイゼーション	位置センサ	再生可能エネルギーの導入加速化
機械設計の V&V	ステッピングモータ	天然ガス・石炭火力発電効率向上
金属材料の衝撃試験	ダイレクトドライブ用モータ	分散型エネルギーシステムの普及拡大
ロバスト性を有する正誤系の設計	バックラッシ	メタンハイドレート非在来型資源の開発
ブレイトンサイクル	ロストモーション	廃棄物の減容化・有害度低減
冷凍機の種類とその冷媒	ブロック線図	エネルギー白書
渦巻ポンプの脈動	伝達関数	製品競争力を決定する要因
生産統制で進捗管理	2 枚平行板ばね機構のモデル	製品競争力の向上
ガソリンエンジンとディーデルエンジンの違い	断面二次モーメント	M2M（Machine to Machine）
ロボットの駆動系	等価剛性	トライボロジー
エコマークの認証	設計品質確保	平均接触面圧
製品開発の開発期間の半減策	設計検証	潤滑特性
製品開発大幅な軽量化設計	設計の妥当性確認	比摩耗量
機械構造物の疲労亀裂	時間と故障率	軸受特性数
大型回転機械異常振動の状態監視	故障率	ストライベック曲線
生産プロセスのロボットアーム効率向上	故障曲線	固体潤滑剤
地熱発電としてのバイナリー発電	機械要素	層状構造
林業地域の木質系バイオマス発電	モデルベース開発手法	乾燥摩擦状態
直接燃焼発電プロジェクト	物理モデル	剛性設計
太陽熱システムについて	計算機シミュレーション	損傷許容設計
データセンターの設計	性能設計	安全寿命設計
CFD と模型試験	物理モデル計算	縦弾性係数
ターボ機械の比速度	繊維強化プラスチック（FRP）	オイラーの座屈荷重
工作機械での熱源による加工精度	残留応力	ねじりモーメント
コンカレントエンジニアリング	応力集中	音圧レベル
バイオ燃料と種類と特徴	熱応力	回転体のつり合い
機械の軽量化最適設計	機能損失	静的につり合い
ロボットに用るシステム設計	固有振動数	石炭ガス化複合発電
各部品を選別に必要なセンサの選定	ボトルネック現象	ガスタービン燃料
事務機器での低騒音化設計	振動特性	CO_2 排出原単位

加工能率の指標	不良率改善の技術的対策	次世代エネルギー
サステナビリティ製品開発	打撃加振	流動床ボイラ
工業製品の変形や破壊不具合対策	異常診断	微粉炭焚ボイラ
ヘルスモニタリング技術	振動現象	サーマル NOx
大型建造物の設計段階地震対策	フィードバック制御系	オットーサイクル
人と共存するロボット技術	有限要素法ソフトウエア	理論熱効率
エネルギー革新と環境イノベーション戦略	有限要素解析法	ディーゼルサイクル
動力エネルギー設備の信頼性技術	有害な振動発生	サバテサイクル
熱システムと異分野の技術を融合	フレキシブルロボットアーム	ノッキング
流体機械での保守運用サービス提供	中間冷却ガスタービンサイクル	熱の移動形態
流体機械における設計の標準化	燃料消費量	熱伝導率
ものづくり現場に IoT 技術導入	T-S 線図	真空断熱材
交通・物流分野でのクラウド技術	蒸気の飽和線	フーリエの法則
身体機能ロボット支援機器	サイクルの理論熱効率	速度境界層
自動運転技術レベル 3、4 技術	制振材料	アルカリ水溶液型燃料電池
製品開発のベンチマークテスト	パワーコンディショナー	可逆断熱変化
革新的な技術で信頼性向上策	熱利用システム	非圧縮性流れ
ロバストデザイン	廃熱利用	亜音速流れ
ボルト・ナットの締結体の設計	分散型発電設備	超音速流れ
曲げに対する断面係数	トラブルの原因特定手法	びびり振動
曲げモーメント	再熱再生サイクル	二次元切削
実験モード解析法	地球温暖化対策	カーボンニュートラル
働き方改革	リモートワーク	ものづくりからコトづくりへの変革
持続可能な開発目標（SDGs）	地球温暖化対策	環境負荷低減
温室効果ガス排出削減	再生可能エネルギー	各種機器の省エネルギー対策
環境保全・環境問題	ZEB・ZEH	電磁環境問題
循環型社会の形成	人手不足とロボット化	自動運転技術
ESG 経営	情報セキュリティー	SNS（ソーシャル・ネットワーキング・サービス）
少子高齢化社会	テレワーク	新材料探索
エコマテリアル	Iot/AI の利用拡大	BCP 計画
センシング技術	すり合わせ技術	ユニバーサルデザイン
社会インフラ、公共設備老朽化対策	技術の伝承、後継者不足	サイバーテロとグラウトサービス
エッジコンピューティング	自然災害（豪雨・台風・地震・津波）、防災	クラウド、ビッグデータ活用
RPA（Robotic Process Automation）	ブロックチェーン	Society 5.0 の企業の取り組み
FIT 制度終了	地政学リスク	ライフライン確保
電力システムのレジエンス	地下資源、レアアースに関する取り組み	企業のグローバル化

生物多様性	準天頂衛星システム	各種電気設備の更新計画・手順と考え方
TPP・EPA の効果と対策	バイオマス利用拡大	労働衛生、安全、環境（HSE）への配慮

（3）電気電子部門　過去問題から

水車の種類と特徴	IP アドレス長	信号雑音比
電力系統の連系線と直流送電	5G（第五世代移動通信）	実効値
中性点接地方式	コジェネレーションシステム	減衰率
電力の小売り自由化	カプセル化	分布定数線路
電気材料	シンボルレート	電力の反射
電気加熱	データ伝送速度	特性インピーダンス
巻き上げ機用電動機	シングルモード光ファイバ	開放電圧
三相変圧器の結線方式	波長分散	コルピッツ発振回路
反射係数	材料分散	ハートレー発振回路
フーリエ級数	構造分散	ウィーンブリッジ発振回路
物理現象の各効果	偏波モード分散	インバータ（VVVF インバータ）
演算増幅器	連接符号（Concatenated Code）	符号化
3G や LTE の携帯電話	LTE（Long Term Evolution）	量子化
光ファイバ伝送路	無線基地局	両側波帯変調方式
総合雑音指数	送信電力増幅	標本化
IPv4 及び IPv6	低雑音増幅	ひずみ率
雷保護	ベースバンド信号処理	リアルタイムトランスポートプロトコル
保護協調	相関色温度	総合ディジタル通信網
非常用発電機	輝度	回線交換方式
配光曲線	光天井（格子ルーバー）	インターネット網
周波数変換設備	低圧三相誘導電動機	パケット交換方式
太陽光発電と出力変動	インバータの多重接続	光ファイバ通信
架空送電線の雷対策	力率改善用低圧進相コンデンサ	マルチ（多）モードファイバ
高圧ケーブル事故点測定	配電用変電所の変圧器	シングル（単一）モードファイバ
揚水発電所新	逆潮流	石英ガラスファイバ
変電所設備	変電所の絶縁設計	PWM
ワイヤレス給電方式	避雷器の役割及び設置場所	直交周波数分割多重
無停電電源装置	ガス絶縁開閉装置（GIS）	誤り訂正符号
レーザー発光の原理と応用例	大型変圧器の内部事故	MPEG-2
電気鉄道信号システムと閉そく装置	配電地中化工事プロジェクト	符号分割多元接続
健康サポート製品の IoT 適用	耐震設計	許容電流
自動車エレクトロニクス開発と EMC 対策	ワイドギャップ半導体	IC タグ
小型情報通信端末の電源種類	半導体素材の物性	静電結合方式
ダイレクトコンバージョン受信機	パワー半導体デバイス	アンチコリジョン機能
AD 変換方式	Si デバイス	スマートメータ
GaN や SiC を用半導体材料素子	リチウムイオン電池	水撃作用
電子システムの信号重畳事象	リモートセンシング技術	発電機の水素冷却方式
トランジスタ低雑音増幅器	保護継電器	ケーブルとその絶縁劣化
TPC のウインドウ制御	送電線の誘導障害	電力系統の周波数調整
負帰還増幅回路	ポリマーがいし（高分子がいし）	デジタルコヒーレント光通信方式

ミリ波利用と MIMO 技術	変圧器の試験項目	石炭ガス化複合発電（IGCC）
通信トラフィックと情報通信システム	自動車などの駆動システム	電気鉄道における蓄電装置
情報通信 NW 用アプリケーション	巻線型誘導機	ワイヤレス電力伝送
三相かご型誘導電動機始動方法	フリッカ防止対策	電気加熱方式
電力平準化用蓄電装置	EMC（電磁両立性）	磁性材料の損失低減
電力用スマートメータシステム	パワーエレクトロニクス機器	発光ダイオード（LED）
4K8K 放送の構成要素	超電導技術	ベクトルネットワークアナライザ
UPS の常時インバータ給電方式	センサのためのブリッジ回路	非破壊検査機器
統合接地システム	スペクトラムアナライザ	インストゥルメンテーションアンプ
長期エネルギー需給の電源構成	DA 変換	高性能な電力増幅器
送配電システムの技術的課題	電力増幅回路	反転増幅回路
電気機器の余寿命診断方法	MEMS 技術	トンネリングプロトコル
パワースーツの応用	高調波ひずみ	エルビウム添加ファイバ増幅器（EDFA）
AI を用いた業務開発	高調波ひずみ率計	LTE（Long Term Evolution）
IoT デバイスを用いた実例	アナログ信号処理	通信キャリアネットワーク
NW システムと IoT 適用	ディジタル信号処理化	ネットワーク機能仮想化技術
プロトコル技術	スマートメーター	高度道路交通システム（ITS）
ZEB	GPS(Global Positioning System)	高調波の発生要因
キュービクル式受変電設備更新	FEC(Forward Error Correction)	非接地高圧配電系統
太陽電池の種類と特徴	ARQ(Automatic Repeatre Quest)	地絡方向継電器
電力系統の短絡容量軽減対策	RS（255、239）符号	断路器、負荷開閉器、遮断器
変圧器の高インピーダンス化	情報通信ネットワークシステム	TN 系統、TT 系統及び IT 系統
限流リアクトルの設置	可用性	非常用の照明装置
系統のループ状運用	中性線欠相保護機能	CMOS イメージセンサ
交直変換装置	配線用遮断器又は漏電遮断器	情報通信ネットワーク
大型火力発電設備	送電線新設工事	分散型電源
送電端熱効率	局部震度法	制動巻線始動方式
エネルギー基本計画	外部雷保護システムと内部雷保護システム	同期始動方式
系統安定化対策	雷保護対策	直結電動機始動方式
永久磁石同期電動機	洋上風力発電	サイリスタ始動方式
誘導電動機	近未来の電力系統技術	交流二次励磁方式
大容量インバータ	センサネットワークシステム	可変速揚水システム
表面磁石形	スマートメーター用通信システム	コンバインドサイクル発電設備
埋込磁石形	自動運転車技術	排熱回収方式
埋込磁石形永久磁石同期電動機	蓄電装置や圧縮空気貯蔵装置	短絡容量軽減対策
電磁妨害	送電用避雷装置	限流リアクトル
電磁両立性	埋設地線	中性点接地方式
電磁環境	2 回線送電線	回転体の持つエネルギー
車の運転の自動化	不平衡絶縁方式	電気鉄道
火力発電設備の非破壊検査	メガソーラー（大容量太陽光発電所）	ひずみ波の実効値

高調波実効値	塔脚接地抵抗	浮上式鉄道
燃料電池	大気汚染対策	一次—二次の結線方式
エネルギー変換効率	排煙脱硝装置	演算増幅器
固体高分子形	電気集じん器	アナログ信号のデジタル化（A-D 変換）
燃料電池自動車	排煙脱硫装置	Σ変調　（Σ変調）
半波長ダイポールアンテナ	煙突入口 CO_2 濃度	振幅変調
波長短縮率	スポットネットワーク方式	メモリセル
並列共振回路	HID（高輝度放電）ランプ	信号処理用のフィルタ
SRAM	色温度	比例縮小（スケーリング）則
フラッシュメモリ	ユニポーラ素子	電子システムの高機能化
FeRAM	バイポーラパワートランジスタ	無線 LAN
MRAM	飽和電圧（オン電圧）	OFDM
EEPROM	絶縁破壊電界	IEEE 802.11 標準規格
レベル変換	IGBT	携帯型の生体信号簡易計測
誘導放出	パワー MOSFET	VoIP
ミラー効果	直流き電方式	伝送路利用効率
ペルチェ効果	交流き電方式	5 つの連系要件
ゼーベック効果	回生ブレーキ	符号化方式
ユニキャストとマルチキャスト	列車検知方法	PCM（Pulse Code Modulation）
アークホーン	トロリ線	地球温暖化対策
環境負荷低減	カーボンニュートラル実現に向けた水素・アンモニアの導入拡大	再生可能エネルギーの拡大策
電気機器の省エネルギー対策	地球環境保全と地域環境問題	持続可能な開発目標（SDGs）と7 番　エネルギーをみんなにそしてクリーンに
経済発展と社会的課題解決Society 5.0 の取り組み	IoE 社会のエネルギーシステム	地政学リスクとエネルギーの安定供給策
洋上風力発電の拡大策	電力・電気設備の遠隔保守点検	社会インフラの情報セキュリティー対策強化
人口減少と少子高齢化社会	Iot/AI の利用拡大	BCP 計画（複合災害：感染症と豪雨）
自動運転とセンシング技術	低炭素社会シナリオ（電力設備の取り組み）	インフラシステムのインターネット接続とセキュリティ対策
社会インフラ、公共設備の電気設備老朽化対策	電気技術者の技術伝承と後継者対策	サイバーテロとグラウトサービス
センサーネットワークとエッジコンピューティング	自然災害（豪雨・地震・津波等）と電気設備の防災計画	福島第一原子力発電所の燃料デブリの取り出し
電力貯蔵システムの概要と特徴	超電導化技術（HDDC 含む）	DX と GX の取り組み
DR と VPP の取り組み	電力系統のレジリエンス化	ライフライン確保と設備保全
再生可能エネルギーと蓄電システムの導入	各種蓄電システムの内容と特徴	エネルギーを巡る不確実性への対応
VR と画像処理技術	ユニバーサルスマートパワーモジュール（USPM）	社会インフラの電気設備保全計画
量子コンピューティング技術	ワイヤレス電力伝送（WPT）	労働衛生、安全、環境（HSE）への配慮

（4）上下水道部門　過去問題から

パリ協定に関する問題	水質汚濁に係る環境基準	有機性窒素やアンモニア性窒素
下水道事業における BCP	再生可能エネルギー	エアレーション
日本の水資源の現況	PFI/PPP	過剰摂取
湖沼や貯水池の富栄養化	VFM（Value For Money）	溶解性有機物
水質汚濁の環境基準	水の衛生学的安全性	初期吸着
開削工法による管の布設	水質指標	固形性有機物
水道事業ガイドラインの負荷率	地下水の水質汚濁	嫌気無酸素好気法
水道の管理に関する問題	水道法第 3 条の定義	MLSS 濃度
クリプトスポリジウム	新水道ビジョンの理想像	汚泥や排水の処理プロセス
上水処理における消毒	沈殿池の沈殿機能	生物処理導入の効果
水道の凝集沈殿処理	水処理	ウォーターハンマ
配水地のコンクリートの劣化	配水管の布設	直結給水のメリット・デメリット
配水施設に関する問題	消毒	小水力発電設備
計画雨水量の算出に関する問題	下水道のポンプ場施設	下水道長寿命化計画
下水道のポンプ場施設	計画放流水質	合流式下水道の改善
下水道施設の排水設備	臭気対策	膜分離活性汚泥法
終末処理場の維持管理	下水管きょ	汚泥処理場における臭気
急速ろ過施設	腐食対策	下水汚泥のエネルギー化技術
下水汚泥の嫌気性消化	合流式下水道の改善対策	窒素を対象とする高度処理
下水汚泥の脱水	下水道施設計画	水道法に基づく水質検査計画
鉄とマンガンの有効な処理方法	多層ろ過池	浄水処理・下水処理の処理過程
次亜塩素ナトリウムの貯留管理	浄水場の自家用発電設備	原水水質の留意事項
配水管の管径決定時の留意点	送配水施設に用いる水管橋	汚濁発生源
キャビテーション発生の仕組み	給水の水圧確保の管網設計	蛇口離れ
アセットマネジメント業務	オゾン処理の導入	ホルムアルデヒドによる水質汚染
活性炭導入検討内容	震災対策用貯水施設の導入	安定給水に支障リスク
下水道ストックマネジメント	経営基盤を強化策	水道事業者の運営基盤強化
硫化水素による腐食メカニズム	開削、推進、シールド各工法	下水道の総合的な浸水対策
標準活性汚泥法の最終沈殿	固形物滞留時間（SRT）	水循環系
下水汚泥の固形化燃料技術	下水汚泥の濃縮法	天日乾燥と機械脱水各方式の特徴
予防保全型維持管理	高濁度原水による断水事故発生	浄水処理方式の改良
汚泥の集約処理	水質汚濁防止法に関する問題	安全で良質な水道水を供給
地下水利用における水質障害	クリプトスポリジウム対策	温室効果ガス総排出量
有機高分子凝集剤	省エネ法	生物化学的酸素要求量
膜ろ過施設の技術的特徴	水道施設の老朽化	化学的酸素要求量
急速ろ過の排水処理の目的	給水の安全性・安定性	水源の水質保全等に関する問題
渇水対策と留意事項	水質事故	各種汚水処理施設
急速ろ過方式の問題点	処理人口普及率	水道の送配水施設に求められる技術的基準に関する問題
健全な水循環の維持回復解決策	ICT（情報通信技術）	環境白書関係に関する問題
下水処理場の地震災害発生	1 時間降水量 50 mm 以上観測	浮遊物質量
水道施設の能力が過大	浄水処理での高度浄水処理	油類流出

水道事業の地盤強化	都市用水	衛生学的安全性
分流式下水道	農業用水	嫌気性消化プロセス導入
水道事業が環境負荷問題点	年平均降水量	建設工事公衆災害防止対策要綱
急速ろ過方式	年降水総量	親杭横矢板
直結給水化	地球温暖化対策	土留工法
安全でおいしい水	温室効果ガス	水道法第3条
大地震発生のひっ迫性	地球温暖化係数	上水道の基本計画
管路施設の維持管理	消火栓に関する問題	循環式硝化脱窒法
浄水処理フローを立案	下水道施設の硫化水素腐食対策	標準活性汚泥法
安全な水道水供給技術	循環式硝化脱窒法	オキシデーションディッチ法
水循環基本法	傾斜板沈降装置	BOD-SS 負荷
我が国における水資源の状況	水質汚濁防止法	油類流出に関する水質汚染に関する問題
管の腐食、劣化に関する問題	生活環境の保全	HRT
湖沼における水温躍層	水源かん養機能	流入水質濃度
水環境中のアンモニア性(態)窒素	水質浄化機能	反応タンクの必要空気量
導水施設	栄養塩類	汚泥濃縮設備
水道の凝集沈殿処理	ステップ流入式多段硝化脱窒法	焼却効率
浄水処理	圧入式スクリュープレス脱水機	沈殿池
管路更新策定と診断手法	活性炭処理	おいしい水道水の安定的給
雨水滞水池の機能	マグニチュード	金属管の腐食
下水道推進工法	BOD	直結式給水
嫌気性消化プロセス導入検討事項	COD	河川表流水
浸水被害軽減対策	TOC	管路更新
水道水質管理計画	TOD	合流式下水道改善対策施設
水質検査計画	TOX	下水道推進工法
水質基準	オゾン処理法	ステップ流入式多段硝化脱窒法
水道の配水量分析	高度浄水処理、酸剤とアルカリ剤注入	下水汚泥の脱水方式
下水道の計画	生物処理法	標準活性汚泥法、汚泥処理方式
雨水調整池	浮遊生物処理法	浸水対策施設の整備
計画汚水量	生物活性炭処理法	摂取制限
管きょの防護及び基礎	エアーレーション処理法	表流水
活性汚泥法	揮発性有機塩素化合物	高度浄水処理
水の衛生学的安全性に関する問題	森林の効果の定量的評価手法	凝集沈殿池
汚泥の嫌気性消化プロセス	防食措置	キャリーオーバー
水質監視装置	落橋防止措置	浄水場の排水処理施設
擬集剤	遊離残留塩素	直結給水のメリット、デメリット
排水設備	結合残留塩素	水源の水質保全
残留塩素管理	トリハロメタン	油類流出に関する水質汚染
大腸菌	臭素酸	水の衛生学的安全性
管路の維持管理	紫外線消毒	天日乾燥方式と機械脱水方式
下水道の減災計画	超音波流量計	建設工事公衆災害防止対策要綱
スクリーニング	ICT(情報通信技術)の普及拡大	水道法第3条に基づく用語の定義

下水処理水の再利用	合流式下水道の下水道関係法令	上水道の基本計画に関する問題
活性汚泥法の反応タンク	排水基準	水道の配水処理に関する問題
合流式下水道	都道府県条例	水道の送配水施設の技術的基準
流域別下水道整備総合計画	環境基本法	管の腐食、劣化対策
浄水処理対応困難物質	水質環境基準	下水汚泥の流動焼却炉
環境・エネルギー対策	下水道法	消火栓
PFI法	計画下水量	汚水処理計画
水道水のかび臭	揚水機能	下水施設の硫化水素腐食対策
水安全計画	沈殿機能	下水の循環式硝化脱窒法
給水区域内水圧確保の管網設計	逆流防止機能	配水管の布設に関する問題
維持管理の効率化	消毒機能	下水の汚泥処理に関する問題
給水人口や給水量の減少	水道法第3条に基づく用語の定義に関する問題	活性炭処理法
地球温暖化や廃棄物問題	汚水処理計画に関する問題	大腸菌群数
下水処理場	活性汚泥混合液	傾斜板沈降装置設計
新下水道ビジョン	生物学的窒素除去法	消毒以外で塩素を用いる目的
開削工法、推進工法、シールド工法	硝化と脱窒	電食が生じる原因と防止策
安全でおいしい水を供給	微生物学的反応	高濁水の流下時の浄水場対策
地球温暖化対策	環境負荷低減	温室効果ガス排出削減
再生可能エネルギー	各種機器の省エネルギー対策	下水道の市民科学
持続可能な開発目標（SDGs）	日本の水資源の現況	循環型社会の形成
人手不足とロボット化（RPA）	クリプトスポリジウム	防災・減災対策
情報セキュリティー対策強化	人口減少と少子高齢化社会	Iot/AIの利用拡大
BCP計画（複合災害）	ストックマネジメント技術	低炭素社会シナリオ（水道設備の取り組み）
デジタルトランスフォーメーション	社会インフラ、公共設備老朽化対策	技術の伝承、後継者不足
サイバーテロとグラウドサービス	トリハロメタン	自然災害（豪雨・台風・地震・津波）、防災
クラウド、ビックデータ活用	下水道施設台帳	安全で良質な水道水の供給
Society 5.0の企業の取り組み	高度浄水処理	水質汚濁に関する環境基準
ライフライン確保と設備保全	再生可能エネルギーと蓄電システムの導入	下水汚泥の濃縮方法
新水道ビジョン	臭気対策	渇水対策
上下水道設備の更新計画・手順と考え方	技術革新に伴う、仕事の変革	新下水道ビジョン

(5) 農業部門　過去問題から

我が国の食料自給率	乳牛の泌乳曲線	農村地域での生物多様性保全
世界の農産物生産量と輸出現状	エコフィードの特徴	農村地域で発生するバイオマス
我が国の食品産業	家畜福祉	農地・農業水利施設等の地域資源
COD（化学的酸素要求量）	家畜ふん尿の堆肥化処理	景観に配慮し農地・農業水利施設
我が国の畜産業	酪農経営における省エネルギー対策技術	農業用水の水質保全
水田かんがい用水	家畜とふれあう施設	自動搾乳システム（AMS）
畑地かんがい地区の用水量算定	農耕地土壌	植物保護分野におけるITの活用
農村地域の強靱化の防災減災対策	食品の人体に対する作用や働き	病害虫の発生予察
農業生産基盤の整備状況	さまざまな酒類	病害虫のまん延を防止
米及び米粉の知識	果樹栽培	化学合成農薬・病害虫と雑草防除
国内主要農産物の生産と消費動向	脂質過酸化反応	総合的病害虫・雑草管理の技術
農業関連団体及び行政機関	コンクリート開水路	飼料の自給率
国内農業における気候変動の影響	ほ場整備	飼料安全法
スマート農業の知識	農地地すべり防止対策	土壌診断体制
日本型直接支払制度	農業農村振興	急速な高齢化の進行
野生鳥獣による野作物被害	ため池の決壊	EPA（経済連携協定）
農村における再生可能エネルギー	安定的で効率的にかんがい用水利用	農業水利施設
環境等の市場価格の経済評価手法	生活スタイルの変化	園芸作物の施設栽培
都市との交流による農村地域活性化	地球規模の気候変動	地域資源を活用した都市農村交流
飼養衛生管理の必要性	農山漁村で6次産業化	土地改良事業費用対効果分析
ソフトグレインサイレージ	EPA	遺伝子組換え作物
家畜の育種におけるゲノム育種価	農村の活性化	食料・農業・農村基本計画
乳牛でみられる亜急性SARA	農地中間管理機構	総合食料自給率
和牛子牛の市場価格の高騰策	耕作放棄地の解消	生産額ベースの目標
地球温暖化により畜産業の問題	農業従事者	家畜伝染病予防法
収量漸減の法則について。	地域資源の適切な保全管理	家畜伝染病
食品の重要指標である水分活性	農業農村整備	ズーノーシスで
乳酸菌を活用した食品製造	揚水機場上屋施設の景観	口蹄疫
モンモリロナイトとアロフェンの特性	農業水利施設の維持管理	コイヘルペスウィルス病
後期高齢者のQOLの向上食品開発	生態系に配慮した農地・農業水利施設	腸管出血性大腸菌感染症
農業土木工事と施工計画	硝酸性窒素削減	伝達性海綿状脳症
地下水位制御と地下かんがい	耕種的防除法	炭疽
開水路の水利用と構造の機能定義	鳥害と獣害	土壌診断結果
土地改良施設の耐震の設定考え方	病害、害虫、雑草	品目別自給率
農用地の過剰水の排水計画	虫媒伝染性の病害	環境保全型農業の推進
国土強靱化とため池の改修設計	化学合成農薬	供給熱量ベースの総合食料自給率

高温障害と米の品質低下原因と対策	ポジティブリスト制度	日本食品標準成分表
果樹類の根限制限栽培	大豆生産の現状と特徴	生産額ベースの総合食料自給率
農産物等の地理的表示保護制度	畜産経営	飼料自給率
養液栽培における培養液の組成	野菜の安定供給	TDN（可消化養分総量）
水稲直播栽培の低コスト生産	廃棄される食品	摂取熱量
機能性表示食品制度と農林水産物	水田の整備	農畜産物の自給率
農地転用許可と農業振興地域制度	人口減少高齢化による食料自給率	国際連合食糧農業機関
荒廃農地の発生原因と解消策	農と食の安全性確保	FAO
土地改良事業の費用対効果分析	台風や高温多湿の気候特性	世界の食料需給見通し
農業の担い手の育成と確保の取組	活力創造プラン	HACCP手法
都市農村交流の取組み	性判別精液	農業生産工程管理（GAP）
農業水利施設の補修更新計画	TMR（混合飼料）	トレーサビリティ
ミティゲーション5原則	再生可能エネルギー源	農産物輸入額
農村が有する多面的機能の維持発展	生物多様性	政策評価法
農産物の高付加価値化取組	農産物の安全性	CAP
荒廃農地の発生原因と再利用対策	供給熱量と摂取熱量	FTA
水域ネットワークを再構築の考え方	食の安全と消費者の信頼確保	気候緩和機能
農業水利施設を活用した小水力発電	世界の農産物の生産と需給	WTO
害虫の殺虫剤抵抗性のメカニズム	我が国の食品産業	持続性ある農業生産方式の法律
害虫の光防除法と視覚応答反応	農産物貿易の動向	エコファーマー（愛称名）
絶対寄生菌とその起因する病害名	農業生産基盤の整備状況	化学肥料低減
土壌病害と条件寄生する病原体	堆砂を防止	化学農薬低減
微生物防除剤を活用した病害虫防除	特産農作物の海外輸出の推進	農業改良資金融通法
ウイルス病の拡大を防止	我が国の水田のかんがい用水	農業生産法人
自給飼料での畜産への転換	我が国の米の生産と消費	集落営農組織
ハウスなどの施設を用いる農作物栽培	農業の高付加価値化	土地利用型農業
農業水利施設等の社会資本に整備	特別栽培農産物の表示ガイドライン	農地利用集積円滑化事業
病害虫・雑草防除	我が国の施設園芸	HACCP
魅力ある農山漁村づくりに向けて	有機農業	性フェロモン剤等誘因剤
「美しく活力ある農村」の実現	農業振興地域制度	特別栽培農産物
農業競争力強化プログラム	6次産業化等による地域活性化	農業のもつ多面的機能
特定農林水産物の名称保護法律	地域資源を活かした農村の振興	土砂崩壊防止機能
農林水産物・食品の輸出力強化	農業・農村の多面的機能	TPP
農業用水のパイプラインシステム設計	雑種強勢	洪水防止機能
農業生産と地球温暖化について	牛の反芻胃（ルーメン）	保健休養・やすらぎ機能
土地改良事業の経済効果	ホールクロップサイレージ	戸別所得補償制度
地球温暖化と農村環境への影響	草地更新	傾斜地水田

ドローンの病害虫防除に利用	畜産経営の大規模化	脱窒作用
慣行施肥	酪農家や畜産農家の規模拡大	水質浄化機能
CVM（仮想市場法）	肥料取締法	化学農薬
TPP 協定と農産物	石灰窒素の特徴	病原微生物
農業水利施設の整備	ハラルフード	社会共通資本
攻めの農業	食物繊維	中山間地域等直接支払制度
農業経営の規模拡大	白未熟粒の発生	堆肥の品質
農薬のポジティブリスト制度	水質汚濁防止法	農薬の残留基準制度
環境保全型農業	畑地かんがい	マーカーアシスト選抜法
地球温暖化と農業対策	水田のほ場整備計画	サイレージ発酵
農産物の生産と需給	大規模災害	小規模移動放牧
食品産業を巡る状況	大雨により湛水被害	高泌乳牛の飼養管理
病害虫・雑草の診断技術	土地利用型農業の生産性	クリーニングクロップ
畜産物の生産	農業の担い手が減少	水稲栽培
農業用水の特質	不耕起栽培	過熱水蒸気
ストックマネジメント	耕畜連携	乳酸発酵
農村地域における防災・減災	養液栽培	水稲作及び露地野菜作
かんがい方式	環境保全型農業推進	施肥法
主要農産物の生産動向	作物の栄養診断	浅漬けでの食中毒事故
伝統食品の製造方法	安全・安心な農産物	計画用水量
食品保存	アルカリシリカ反応	農林漁業成長産業化ファンド
エコファーマー	多様な農業者	池の被災による被害軽減対策
生物農薬	土地改良事業	農道整備
野生鳥獣による農作物の被害	食料供給力	農業生産基盤
世界農業遺産	農業生産額の減少と担い手の高齢化	苗箱施肥
多収栽培	環境保全型農業の推進策	田畑輪換
都市農業	水稲鉄コーティング湛水直播	養液土耕栽培
6 次産業化	生産基盤整備（ほ場の大区画化、汎用化）	企業経営
食料の安定供給の確保と消費者の信頼確保	強い農業の創造	地域資源を活かした農村の振興・活性化
農業・農村の強靱化	食料自給率向上	2050 年カーボンニュートラル
農業・農村の有する多面的機能の維持・発揮	持続可能な農業生産・持続可能な開発（SDGs）	担い手の育成・確保
農村資源の活用	農村環境の向上	農業の体質強化
農村、都市農業の振興	集落機能の維持	地域資源・環境の保全
エネルギーの地産地消	農業所得の増大	デジタル技術の進展
再生可能エネルギーの活用	高付加価値化	スマート農業
グローバルマーケットの戦略的な開拓	農林水産物・食品の輸出促進	規格・認証の活用（GAP 認証）
世界の食料需給と食料安全保障の確立	食料消費の動向と食育の推進	動植物の防疫

食品ロス削減（食品リサイクル法）	生産・加工・流通過程を通じた新たな価値の創出・サプライチェーン	農地中間管理機構の活用等による農地の集積・集約化
農地の大区画化、水田の汎用化・畑地化等を通じた農業の競争力強化	農業水利施設の長寿命化	農福連携の推進・SDGs
農作業安全対策の推進	みどりの食料システム戦略	環境保全に配慮した農業の推進

（6）環境部門　過去問題から

環境基準法の基準	発電施設の新設	公共用水域
環境基本法	土地の造成や地形の改変事業	自然保護区のデザイン原則
自然環境の保全・育成計画	温暖化対策	エコツーリズム推進法
温室効果ガス排出量	レクリエーション	フローインジェクション分析法（FIA）
ミティゲーションの5原則	揮発性有機化合物	連続流れ分析法（CFA）
大気環境の保全対策	モニタリング	リサイクル
工業排水・全窒素の測定方法	絶滅危惧種	レアメタルの回収
騒音振動対策に関する問題	外来生物対策	大気汚染防止法第22条
廃棄物等の発生や処分	自然再生エネルギー事業	振動レベル測定
道路交通騒音対策	ラムサール登録湿地	環境調査計画
資源循環に関する問題	国連持続可能な開発教育	自然環境の基本計画
野外活動と安全確保	公共用水域水質測定	低炭素型の社会への転換
廃棄物に関する問題	環境関連の条約	固有の植物
国立公園満喫プロジェクト	我が国の資源循環	国内希少野生動植物
名山と国立公園	化学物質対策	自然環境保全法の保護地域
持続可能な開発2030アジェンダ	底質中の化学物質	原生自然環境保全地域
遺伝資源の取得の機会	大気汚染に係る環境基準	自然環境保全地域
気候変動の政府間パネル	工場排水試験方法	都道府県自然環境保全地域
パリ協定に関する問題	土壌の汚染	鳥獣の保護及び狩猟の法律
大気汚染・環境基準規制	騒音に係る環境基準	国指定鳥獣保護区
マイクロプラスチック	日本の自然植生	水鳥の生息地湿地の条約
生態系サービスについて	我が国の自然環境	ラムサール条約湿地として登録
バイオ燃料の長所と短所	日本の世界自然遺産登録地域	レッドリストの見直し
気候変動への適応計画	大気汚染の汚染物質と測定方法	カテゴリー（ランク）
リデュースされない理由	振動の距離減衰	絶滅危惧Ⅱ類（VU）
リユースされない理由	水銀に関する水俣条約	野生絶滅（EW）
工場排水試験方法	微小粒子状物質（PM2.5）	絶滅（EX）
環境測定とトレーサビリティ体系	生態系や生物多様性の指標	情報不足（DD）
航空機騒音に係わる環境基準	循環型社会形成推進基本計画	絶滅危惧ⅠB類（EN）
定期的な環境調査内容と対策	物質フロー指標	絶滅危惧ⅠA類（CR）
水銀濃度調査	環境政策における経済的手法	環境影響評価
自然環境調査の特徴と重要性	地下水の汚染を防止	騒音・振動の環境保全目標値
国内希少野生動植物種	3種類のフロン	騒音・振動の予測評価手法
ユネスコエコパークの目的	公共用水の生活環境の水質	時間帯補正等価騒音レベル
生物多様性オフセットの考え方	環境測定	道路交通振動の評価
自然再生推進法	環境影響評価法	道路交通騒音の予測計算
生物多様性地域戦略の改定業務	環境低周波音	新設の普通鉄道の評価
環境影響評価法の改正法の要点	富栄養化	等価騒音レベル
環境影響評価法の改正手続き要点	環境測定装置	建設工事騒音の評価
環境影響評価法の報告書作成点	グリーン復興	環境影響評価法の対象事業
自主的な環境影響評価の推進	生物多様性	環境影響評価法の環境保全措置

ビオトープ	生態系サービス	SATOYAMA イニシアティブ
鳥獣保護管理法	自然とのふれあいの歩道	生物多様性国家戦略
指定管理鳥獣捕獲等事業	自然環境の保全・育成の計画	循環型社会
認定鳥獣捕獲等事業者制度	自然公園内の情報提供施設	京都メカニズム
世界自然遺産登録保全上の課題	有機塩素系物質	光化学オキシダント
オリ・パラアセス環境上の問題点	健康被害の濃度レベルの汚染質	原位置封じ込め」
生物多様性と持続可能な社会	環境測定分析値のデータ整理	都市鉱山
環境基準超過時の対応	現場測定に関して自動化	環境基準の項目
自然公園の施設整備と課題	希少な野生植物の絶滅危機	環境分析
国連持続可能な開発のための教育	国際連合持続可能な開発会議	試験所間比較試験
大気、水質、土壌、騒音の測定	グリーン経済	環境騒音
生物多様性地域戦略の策定	グリーン経済の移行の行程表	測定機器の保守作業
一般廃棄物焼却場の環境調査	国連環境計画（UNEP）	環境測定計画
電力部門からの CO_2 排出量	持続可能な開発目標（SDGs）	薪炭林
CCS	開発途上国向けの ODA	自然解説標識
重大な影響を与える環境要素	調和条項の削除	国内生息地と生育地の在来生物
循環型社会形成推進基本法	企業の社会的責任（CSR）	モニタリング及び順応的管理
国立公園	汚染者負担原則（PPP）	自然環境の保全育成の基本計画
自動車と大気汚染	ポーター仮説	環境アセスメント図書の作成
第四次環境基本計画	環境クズネッツ曲線	環境影響評価の技術的事項
廃棄物処理	環境関連の条約と関係国内法	計画段階配慮事項
インタープリテーション	バーゼル条約	風力発電施設の環境影響評価
微量成分分析	ワシントン条約	第一種事業の環境影響評価
音と周波数	ウィーン条約モントリオール議定書	容器包装・分別収集に関する法律
土壌汚染問題	南極条約議定書	地球温暖化
自然再生推進法	MARPOL 条約	持続可能な地域づくり計画
大気汚染	我が国を中心とした資源循環	測定値の妥当性
振動公害	3R イニシアティブ	評価した結果
アスベスト	循環型社会の構築	越境汚染への対応
公共用水の生活環境に係わる水質	特定家庭用機器再商品化法	再生可能エネルギー
環境騒音の表示・測定方法	容器包装・分別収集の法律	特定復興整備事業
水質汚濁に係る環境基準	カレットの使用量と利用率	特定環境影響評価
環境基本計画	プラスチックくずの輸出量	環境影響評価の技術的課
大気汚染防止計画	振動ピックアップの設置方法	生物多様性オフセット
湖沼水質保全計画	エネルギーの使用の合理化の法律	現場測定に関して自動化を行う
廃棄物処理施設整備計画	再生可能エネルギーの特別措置法	温室効果ガス削減
地球温暖化対策計画	地球温暖化対策の推進法律	希少な野生動植物の絶滅の危機
絶滅危惧種の保存に関する法律	有機塩素系物質による環境汚染	大気環境モニタリングと分析方法
排ガス中のふっ素化合物分析方法	食品廃棄物の削減策	グリーン経済の移行に関する行程表
環境基本法に定義される公害	京都議定書目標達成計画	イオンクロマトグラフィー（IC 法）
越境大気汚染問題	地球温暖化対策目標達成計画	硝酸イオンを定量
自然公園等の歩道整備	クリーン開発メカニズム（CDM）	環境関連の条約等と関係国内法

生態系を用いた防災・減災	CDM クレジット（CER）	大気汚染防止法
バイオ燃料	水質調査方法準拠の原則	揮発性有機化合物（VOC）
ホルムアルデヒド	調査時期や採水地点の選定	公共用水域の環境基準
循環型社会形成	自然とのふれあいのための歩道	地下水質の概況調査の結果
閉鎖性海域	定常騒音	地下水の水質汚濁
二酸化炭素排出量	連続騒音	水質汚濁防止法
現場簡易分析	間欠騒音	カーボン・オフセット
騒音苦情	衝撃騒音	道路交通騒音対策
測定器又は測定系に不具合	分離衝撃騒音	改正環境影響評価法
公定法	化学分析方法通則	廃棄物
イオンクロマトグラフ法	質量分率、体積分率及びモル分率	国連持続可能な開発教育 ESD
鳥獣保護法	浮遊粒子状物質（PM2.5）	国連持続可能な開発世界会議
自然公園等の保護地域	大気汚染防止法とばい煙施設	環境測定・分析値のデータを整理
自然環境の保全・育成	自動車排出ガス規制	保全地域等の名称
自然ふれあいプログラム	SPM と PM2.5 の国内発生量	大気汚染に係る施策
スクリーニング及びスコーピング	水溶性有害物質濃度の検定	自然公園等の歩道整備
ティアリング及びミティゲーション	海上投入処分	地球規模の水銀汚染
環境基準法	環境基本法	温室効果ガス排出削減
再生可能エネルギー	ミティゲーションの5原則	環境保全・環境問題
持続可能な開発目標（SDGs）	パリ協定に関する問題	循環型社会の形成
マイクロプラスチック	生物多様性地域戦略	気候変動への適用計画
外来生物対策	環境低周波騒音	環境基本計画
BCP 計画（複合災害）	ビオトープ	低炭素社会シナリオ（環境部門の取り組み）
微小粒子状物質（PM2.5）	3 種類のフロン	技術の伝承、後継者不足
エコツーリズム推進法	ラムサール条約	自然災害（豪雨・台風・地震・津波）、防災
地球温暖化対策	環境負荷低減	鳥獣保護管理法
Society 5.0 の企業の取り組み	環境調査計画	環境測定とトレーサビリティ
廃棄物処理	再生可能エネルギーと蓄電システムの導入	グリーン経済
モニタリング	絶滅危惧	準天頂衛星システム
循環型社会の形成	技術革新に伴う、仕事の変革	バイオマス利用拡大

2－1　建設部門　必須科目　解答例

　令和元年度の試験制度変更により、これまで択一試験であった必須科目の試験は筆記試験に変わりました。令和元年度実施された建設部門での筆記試験問題（必須科目）に対する解答例を示しますので、今後の試験対策として活用してください。

　なお、令和元年度の問題（Ⅰ-1とⅠ-2）の設問（3）では「（2）で提示した解決策に共通して新たに生じるリスクとそれへの対策について述べよ」と出題されましたが、翌年の令和2年度の問題（Ⅰ-1）の設問（3）は「すべての解決策を実行した上で生じる波及効果と、新たな懸案事項への対応策を示せ」と変わりました。

　今後の試験も同様に「リスク内容とその対策」と「波及効果と懸案事項」の2問が問われることになると思いますので、問題のテーマごとに「設問（2）ですべての解決策を実行したうえで」という前提条件を踏まえた解答を準備しておく必要があります。

　なお、令和3年度から設問（1）では多面的な観点から抽出する課題を「3つ」と限定し、その観点を明記したうえで課題の内容を示すというように変わりました。あわせて、設問（3）も「専門技術を踏まえた」、設問（4）も「留意点を踏まえて」と、問題文が変わりました。このように毎年、出題の設問が少しずつ変化していますので、かならず問題をよく読んで、出題の意図を正確にくみとり、わかりやすい解答を書く必要があります。

令和元年度建設部門必須科目 I −1 の問題

1-1　我が国の人口は2010年頃をピークに減少に転じており、今後もその傾向の継続により働き手の減少が続くことが予想される中で、その減少を上回る生産性の向上等により、我が国の成長力を高めるとともに、新たな需要を掘り起こし、経済成長を続けていくことが求められている。

こうした状況下で、社会資本整備における一連のプロセスを担う建設分野においても生産性の向上が必要不可欠となっていることを踏まえて、以下の問いに答えよ。

(1) 建設分野における生産性の向上に関して、技術者としての立場で多面的な観点から課題を抽出し分析せよ。

(2) (1)で抽出した課題のうち最も重要と考える課題を1つ挙げ、その課題に対する複数の解決策を示せ。

(3) (2)で提示した解決策に共通して新たに生じうるリスクとそれへの対策について述べよ。

(4) (1)〜(3)を業務として遂行するに当たり必要となる要件を、技術者としての倫理、社会の持続可能性の観点から述べよ。

技術士　第二次試験　模擬答案用紙

受験番号								技選	建設部門	受験申込書に記入した専門とする事項
問題番号	Ⅰ－1								科目	

枚
枚　目
1／3

1	．	建	設	分	野	に	お	け	る	生	産	性	の	向	上	の	課	題	
人	材	、	需	要	の	創	造	、	建	設	技	術	の	観	点	か	ら	課	題	を	述	べ	る	。

1．1　建設分野の人材の能力向上
生産性の向上には、建設分野の人材の能力向上が不可欠である。具体的には、建設キャリアアップシステムを活用し、技能者の生産性を向上させる。また、技術者配置の合理化等により建設現場の生産性向上を図る。

1．2　新たな空間や魅力の創出による需要の創造
人が集積　交流する地域空間の創出や拠点を形成し、新たな価値を創造することにより、建設分野の生産性の向上を図る。具体的には以下のことが挙げられる。
1）外周街路の整備など都市構造の改変と駅前のトランジットモール化、緑地、広場整備など歩行者空間の創出
2）プラットフォームの設置や居心地の良い空間の創出
3）道路空間のオープン化等による賑わい創出

1．3　生産性を向上させる新たな建設技術の導入
建設分野は、一品受注生産、現地屋外生産、労働集約型生産などの特性があり、生産性が低い。このため、生産性向上につながる新たな建設技術の導入を促進する必要がある。以下で新たな建設技術の導入について述べる。

2．新たな建設技術の導入の解決策
ICT、ロボット、センサー、GPS等の新しい技術とデータを積極的に活用し、道路、橋、ダムなどの建設現場の生産性を向上させる（i-Construction）。これにより、人手不足の軽減、適切なインフラの整備・管理を

技術士　第二次試験　模擬答案用紙

受験番号		技	建設部門	受験申込書に記入した専門とする事項
問題番号	Ⅰ-1	選	科目	

枚

枚　目
2
／
3

する。さらに建設現場の労働環境を改善し、建設業の魅力を向上させて、建設技術者の確保につなげる。具体的な解決策を以下に示す。

1）ドローン等による短時間での高密度な3次元測量。

2）3次元測量データによる設計・施工計画（BIM／CIM）。

3）ICT建設機械による自動制御施工。

4）スマートセンサー型枠（静電容量、加速度センサー等）によるコンクリート打設時の施工管理の改善。

5）建機の車載センサーやクラウドカメラの情報をAIで分析し、作業計画の改善や支援。

6）ロボット等の活用によるインフラ維持管理の効率化。

<u>3．解決策に共通したリスクとその対策</u>

制度、人材、資金、情報の観点から解決策の導入のリスクとその対策を表1に示す。

表1　解決策のリスクとその対策

観点	リスク	対策
制度	監督・監査基準等の未整備により、普及しない	建設生産プロセスにおける一貫した新基準の設定、標準的なマニュアル等の作成
人材	対応できる技術者・技能労働者の不足で普及しない	官民共同による推進体制を構築し、講習会等の開催等
資金	設備投資などの資金不足によるICT建機等の機器が普及しない	ICT建機のリース料などに関する新たな積算基準の策定、入札契約方式の改善等

技術士　第二次試験　模擬答案用紙

受験番号								技	建設部門	受験申込書に記入した専門とする事項
問題番号	Ⅰ－1							選	科目	

情報	サイバー攻撃などによる機能損失の発生	セキュリティ対策の継続的実施とセキュリティ事故発生時の対処法の確立等

4．業務として遂行する場合の要件

4．1技術者としての倫理の観点

特に、2、3章に記したi-Constructionの導入については、以下の要件を挙げる。

1）建設事業や技術開発等に当たっては、公衆の安全安心を最優先とし、業務を遂行する。

2）業務遂行に当たっては、他分野の技術の連系が大切となるので、技術者同士のつながりを大切にし、お互いを尊重する。

3）技術者は、新たな知見や技術が求められるので、より良い成果を生み出すように自己研さんに努める。

4．2社会の持続可能性の観点

特に、1．2節で記した「新たな空間や魅力の創出による需要の創造」に関しては以下の要件がある。

1）新たな需要の掘り起こしを検討する際は、事業に伴う生活環境や自然環境等へ影響を予測評価し、必要に応じて環境保全措置を検討する。

2）少子高齢化社会であり、社会コストの抑制を勘案して、小さなインプットで、できるだけ大きなアウトプットを生み出すように工夫する。

3）富の再配分や地域間の格差是正に配慮して、事業を企画、計画する。　　以上

　上記問題文の論文の章立てと見出しについて確認してみます。

---

1 建設分野における生産性の向上の課題
1．1 建設分野の人材の能力向上
1．2 新たな空間や魅力の創出による需要の創造
1．3 生産性を向上させる新たな建設技術の導入
2 新たな建設技術の導入の解決策
3 解決策に共通したリスクとその対策
4．業務として遂行する場合の要件
4．1 技術者としての倫理の観点
4．2 社会の持続可能性の観点

　本解答例と問題文の設問に対する論文の書き方について確認してみましょう。
　問題文から解答論文の背景となるのは「建設分野での生産性の向上」に繋がる考え方が示されていることが重要となります。

　章立てごとに確認してみます。
　「1．建設分野における生産性の向上の課題」については、課題の多面的な抽出として以下の3つの観点から述べると書かれています。「人材、需要の創造、建設技術」と観点が明確に書かれています。それが次の3の見出しになっています。「1．1．建設分野の人材の能力向上」「1．2新たな空間や魅力の創出による需要の創造」「1．3生産性を向上させる新たな建設技術の導入」と項目毎に具体的な内容となっています。

　「2．新たな建設技術の導入の解決策」については、文中に「生産性を向上させる i-Construction により、人手不足の軽減、適切なインフラの整備・管理をする。さらに建設現場の労働環境を改善し、建設業の魅力を向上させて、建設技術者の確保につなげる」その後に具体的な解決策を6つ示しています。この解決策はいずれも i-Construction に繋がる項目であり、建設現場の魅力の向上

を意識させた内容となっています。

「3．解決策に共通したリスクとその対策」については、「制度、人材、資金、情報の観点から解決策の導入のリスクとその対策」が書かれております。そして二枚目三枚目の表形式により、具体的に観点・リスク・対策が並べて記載されています。これは分かり易く書かれており、効果的な書き方と言えます。

「4．業務として遂行する場合の要件」について、設問通り2つの見出しで「4．1技術者としての倫理の観点」「4．2社会の持続可能性の観点」と書かれております。この倫理の観点では、i-Construction 導入の要件を3つ挙げ、社会の持続可能性の観点では「新たな空間や魅力の創出による需要の創造」に関して3つの要件を挙げています。したがって、論文全体を前段と後段が相互に補完した書き方がされています。

残念な点は、最も重要と考える課題についてその理由が明記されていない点が挙げられます。ただし、論文を読むと何が重要かは分かる内容となっています。

必須問題で問われるコンピテンシーと評価内容は5つです。各設問への評価項目割り振りも下表のように決まっているため、すべての部門の問題文は、ほぼ同じ形式と内容となっています。すなわち、毎年のテーマが変わるだけですから、問題文に忠実に解答する準備をすれば必ず合格圏の論文は書けるようになります。なお、コンピテンシーのうち、マネジメント、リーダーシップ、継続研鑽は筆記試験問題では問われません。

技術士に求められる資質能力（コンピテンシー）	評価する内容	割り当てられる設問
①　専門的学識	技術部門の業務に必要な**専門知識や基本知識**を理解し応用する	設問全体にわたる

② 問題解決	1) **課題抽出**　業務遂行上直面する複合的な問題に対して**多面的な観点**を明記して抽出する	設問（1）
	2) **方策提起**　複合的な問題に対して、**複数の選択肢**を提起し、解決策を**合理的に提案**する	設問（2）
③ 評価	業務遂行上の最終的に得られる成果に対する**新たなリスクやその波及効果**を評価し、次段階や別の業務に改善する	設問（3）
④ 技術者倫理	1) **技術者倫理**　業務遂行にあたり公衆の安全、健康及び福利を最優先に考慮する	設問（4）
	2) **社会の持続可能性**　業務遂行にあたり文化及び環境に対する影響を予見し、地球環境の保全等、次世代に渡る社会も持続性の確保に努める	
⑤ コミュニケーション	業務履行上、明確かつ効果的な意思疎通を行えるように、的確でわかりやすい表現	設問全体にわたる

　必須問題の出題内容は、現代社会が抱えている様々な問題について、「技術部門」全般に関わる基礎的なエンジニアリング問題としての観点から、多面的に課題を抽出して、その解決方法を提示し遂行していくための提案を問うものです。

　「現代社会が抱えている様々な問題」とは、地球温暖化、カーボンニュートラル、自然災害の激甚化・頻発化、人口減少と高齢化加速、持続可能な開発目標（SDGs）実行、パンデミック拡大・対応、新技術（DX）開発と実装などがあります。

　例えば、社会インフラ系の部門では老朽化した社会資本が多量にあり、その速度が加速している、担い手不足も顕著で、限られた財源しかなく維持管理が思うように進展しない、などの問題が常にあることは周知の事実です。

　「現代社会が抱えている様々な問題」を勉強するうえで欠かせないのが各省庁から出版されている「白書」です。例えば、建設部門は毎年出版される国土交通白書が参考となります。白書の内容は出版される年度の１年前に実施した結果がコンパクトに整理されたものですから、必須問題を勉強する際の拠り所となる資料のひとつです。

　具体的な例として、令和３年度の国土交通白書の内容（目次）を示します。

第Ⅰ部　危機を乗り越え豊かな未来へ
第１章　現在直面する危機と過去の危機
　第１節　現在直面する危機　1. 新型コロナウイルス感染症　　2. 災害の激甚化・頻発化
　第２節　過去の危機と変化
第２章　危機による変化の加速と課題の顕在化
　第１節　社会の存在基盤の維持困難化
　第２節　災害リスクの増大や老朽化インフラの増加　1. 社会資本の老朽化　2. 近年顕在化した課題
　第３節　多様化を支える社会への変革の遅れ　　1. コロナ渦による変化　2. 多様化の支援・促進
　第４節　デジタルトランスフォーメーション（DX）の遅れと成長の停滞　1. DXの重要性と現状
　第５節　地球温暖化の進行　1. これまでの取組みと現状　2. 近年の変化と課題
第３章　豊かな未来の実現に向けて
　第１節　危機による変化と課題への対応　1. 社会の存続基盤の持続可能性確保
　第２節　豊かな未来の姿　1. 持続可能で暮らしやすい社会　2. 災害からのいのちとくらしが守られる社会　3. 一人一人が望む生き方を実現できる社会　4. 成長が持続しゆとりを得られる社会　5. 地球環境の保全に貢献する社会

　そして、令和3年度の必須問題は、下記のテーマで出題されました。

　I-1：建設分野の廃棄物問題に対する循環型社会構築の実現

　I-2：新たな取組を加えた風水害被害の防止又は軽減策

　上記の目次にある項目のうち下線で示した内容が出題された問題に関係しています。

　参考として、平成19年度から平成24年度までに「共通問題」として出題された問題（概要）と、試験制度が変わった令和元年から令和3年度までの「必須問題」を整理してみると、建設部門で抱えるテーマにはあまり大きな変化がないことがわかります。作問者は、このような現代社会が抱えている不変なテーマをベースにして、その年度で重要なテーマを問題作成の参考にしていると思いますので、過去問題を自分自身で分析しながら試験準備を行うことが非常に大切です。

問題番号	1	2
平成19年度 出題内容	産業構造の変化等により、人口減少傾向にある地域における社会資本整備の課題を挙げ、厳しい財政の制約の下で、地域の活性化を図っていくための社会資本整備のあり方の具体策を論述。	"団塊の世代"の多くの技術者の定年退職など、経験豊富な技術者の大量退職が、社会資本を整備するための技術に与える影響と課題について多面的に述べ、今後、技術を維持継承するための方策を論述。
平成20年度 出題内容	社会資本の維持管理に関する現状と課題を述べ、これに対する対策としてのアセットマネジメントの必要性及びその実用化に向けた方策を論述。	公共事業の縮小傾向が建設分野における技術力の維持及び向上に与える影響とその課題を挙げ、今後とるべき方策を論述。
平成21年度 出題内容	低炭素社会について、2つ設問を論述。①低炭素社会の実現に向け貢献できると考えられる社会資本整備の取り組みを3つ挙げ、概説。②前項で述べた取り組みの1つを取り上げ、その推進にあたっての課題と解決策。	コンピュータの導入、技術の高度化・細分化が進展、これらによる計算結果の妥当性の総合的評価の困難性を踏まえて、技術者として解析・設計や数値シミュレーション等の成果の合理性を総合的に判断できる技術力を維持するための課題と今後とるべき方策。

問題番号	1	2
平成22年度 出題内容	自然災害から国民の安全や生活を守ることがより一層求められていることを踏まえて、社会的状況の変化に対応して防災あるいは減災対策を行ううえでの課題を3つ挙げ、内容説明、国民の安全や生活を守る観点からの取り組みを論述。	国内の公共事業資投資額の減少に伴い、海外の社会資本整備に対する積極的な取組が求められていることや、開発途上国などにおける社会資本整備に対する積極的な取り組みも求められていることを踏まえて、海外での社会資本整備に取り組む上での課題を3つ挙げ、内容説明、解決策を論述。
平成23年度 出題内容	社会資本の老朽・劣化の急速な進行、少子高齢化、社会資本への投資額が抑えられる状況を踏まえて、今後の社会資本整備における課題を3つ挙げ、内容説明、解決策を論述。	建設投資が急激に減少していること、就業者の減少・高齢化の進行を踏まえて、建設産業の課題を3つ挙げ、内容説明、建設産業の活力を回復させるための解決策を論述。
平成24年度 出題内容	東日本大震災を踏まえて、我が国の防災・減災に向けた社会基盤の整備における課題を3つ挙げ、内容説明、それらの課題に対し行うべき防災・減災に向けた今後の社会基盤の整備を具体的にどのように進めていくべきかを論述。	地球環境問題を踏まえて、取り組むべき課題を3つの視点（①低炭素社会の実現、②自然共生社会の実現・生物多様性の保全、③循環型社会の形成）からそれぞれ挙げ、内容説明、解決策を論述。
令和元年度 出題内容	建設分野における生産性向上に関して、多面的な観点から課題を抽出し、分析。そのうち最重要課題を1つ挙げ、複数の解決策を示し、その解決策に共通して新たに生じうるリスクとその対応策、業務遂行に当たり必要となる要件を技術者倫理、社会の持続可能性の観点から論述。	ハード整備の想定を超える大規模自然災害に対して、安全・安心な国土・地域・経済社会を構築するために、多面的な観点から課題を抽出し分析。そのうち最重要課題を1つ挙げ、複数の解決策を示し、その解決策に共通して新たに生じうるリスクとその対応策、業務遂行に当たり必要となる要件を技術者倫理、社会の持続可能性の観点から論述。

問題番号	1	2
令和2年度 出題内容	我が国の人口減少が予測されている中、インフラ整備の担い手であり、地域の安全・安心を支える地域の守り手でもある地域の中小建設業の担い手確保に関して、多面的な観点から課題を抽出し分析。そのうち最重要課題を1つ挙げ、複数の解決策を示し、すべての解決策を実行して生じる波及効果と懸念事項への対応策、業務遂行に当たり必要となる要件を技術者倫理、社会の持続可能性の観点から論述。	社会・経済情勢が変化する中、老朽化する社会インフラの戦略的なメンテナンスに関して、多面的な観点から課題を抽出し分析。そのうち最重要課題を1つ挙げ、複数の解決策を示し、その解決策に共通して新たに生じうるリスクとその対応策、業務遂行に当たり必要となる要件を技術者倫理、社会の持続可能性の観点から論述。
令和3年度 出題内容	インフラ・設備・建築物のライフサイクルの中で廃棄物に関する問題解決に向けた取組をより一層進め、「循環型社会」の構築実現に関して、多面的な観点から課題を3つ抽出し、そのうち最重要課題を1つ挙げ、複数の解決策を示し、すべての解決策を実行して生じる波及効果と懸念事項への対応策、業務遂行に当たり技術者倫理及び社会の持続可能性の観点からの必要要件、留意点を論述。	災害が激甚化、頻発化する中で風水害による被害を新たな取り組みを加えた幅広い対策により防止、または軽減するために多面的な観点から課題を3つ抽出し、そのうち最重要課題を1つ挙げ、複数の解決策を示し、すべての解決策を実行しても新たに生じうるリスクと対応策、業務遂行に当り技術者論理及び社会の持続可能性の観点から必要要件、留意事項を論述。

　令和4年度の必須問題は、I-1：社会資本の効率的な整備、維持管理及び利活用に向けたデジタル・トランスフォーメーション（DX）の推進とI-2：建設分野における CO_2 排出量削減及び CO_2 吸収量増加のための取り組み実施の2問が出題されました。いずれのテーマも現代社会が抱えている重要なテーマです。この2つのテーマは、国土交通省が令和3（2021）から令和7（2025）年度で行う第5次社会資本整備重点計画に新規で追加された重点目標となっています。

2－2　建設部門　選択科目　論文実例

1　キーワードの展開による論文作成の例

令和3年度 建設部門（土質及び基礎）Ⅲ選択問題（解答用紙3枚）

Ⅲ－1　近年我が国においては環境危機が深刻化しており、地球温暖化の進行に伴う海面水位の上昇、降雨の強度・頻度の増加などによる災害の頻発・激甚化のリスクが増加している。さらに、大量の資源・エネルギー消費から、自然との関わり方や安全・安心の視点を含めて、持続可能でよりよい社会の実現を目指す方向へと価値観や意識の変化が生じており、温室効果ガス排出量の削減や建設副産物の削減など環境問題に対応した社会資本の整備が望まれている。

このような背景の中、土質及び基礎を専門とする技術者の立場から以下の設問に答えよ。

(1) 新たに地盤構造物（盛土、切土、擁壁、構造物基礎等）を建設する際、環境問題に対応した新技術の開発・導入の推進に関して、技術面・制度面など多面的な観点から3つ課題を抽出し、それぞれの観点を明記したうえで、課題の内容を示せ。

(2) 前問（1）で抽出した課題のうち最も重要と考える課題を1つ挙げ、その課題に対する複数の解決策を示せ。

(3) 前問（2）で提示したすべての解決策を実行しても新たに生じうるリスクとそれへの対策について、専門技術を踏まえた考えを示せ。

本問題では、下線で示した新たに地盤構造物（盛土、切土、擁壁、構造物基礎等）を建設するという前提条件を理解して書くことが重要です。問題文で求められている解答は、地盤構造物の建設する際に、環境問題に対応した新技術の開発・導入の推進を具体的に図ることです。では、どのように解答論文を考えるかについて、以下に示す各ステップごとに進めてみましょう。

ステップ1 解答を絞り込む → この問題を熟読し、何について解答する
かを明確にします。この問題の場合、新たに地盤構造物（盛
土、切土、擁壁、構造物基礎等）を建設するという行為におい
て、環境問題に対応した新技術の開発・導入を推進する際の課
題を何にするか、観点を変えて解答の絞り込みを行い、解答論
文の方針を決定します。

ステップ2 章立てを考える → 問題を読んで章立てを決定します。

ステップ3 解答論文の記述骨子を考える → 各章の記述骨子を考えます。

ステップ4 各章の文字量の配分を決定します。

ステップ5 記述を開始します。

これらのステップ4までの作業（論文の骨子をつくる）を、試験開始20分
から25分で終えるのが理想です。

(1) ステップ1 解答を絞り込む

ここで最も大切な「環境問題に対応した新技術の開発・導入推進を図る際の
課題」を考えるうえで多面的な観点を何にするかを考えてみます。以下に詳細
を述べます。問題文では、技術面・制度面などと記載されていますが、自分の
知識から3つの課題を何にするかを考えてもよいです。

（例）

a. 地盤構造物を建設する企業の経営資源の視点から課題を考えます。

b. 3つの観点を「ヒト（人材）」「モノ（技術）」「コスト（費用）」で考えて
みます。なお、問題文には「観点を明記したうえで」と書いてあること
にも留意します。

c. 各々の課題を考えるうえで、最初に問題点を明らかにしてから解答する
ことが大切です。

(2) ステップ2 章立てを考える

この問題をよく読み、どのような視点で課題を3つ多面的に抽出するのかを
考えます。

・新たに地盤構造物（盛土、切土、擁壁、構造物基礎等）を建設するとき（前提条件）
・環境問題に対応した新技術の開発・導入を推進する（前提条件）
・推進していくうえでの多面的な課題を3つ（観点を明記）
・上記の3つの課題のうち最も重要な課題を挙げる（選定理由を明記）
・その重要課題を解決するための複数の対策を専門技術を踏まえて示す。
・上記の解決策をすべて実行しても新たに生じうるリスクとそれへの対策を専門技術を踏まえて示す。

(3) ステップ3　解答論文の記述骨子を考える

　この問題の設問にしたがって記述する内容の骨子を考えます。その際、小見出しのタイトルに気を配り、採点者が理解しやすい短文とすることがポイントで以下に解答例を示します。

1. 環境問題に対応した新技術の開発・導入の課題

　現在の問題が環境問題に対応した新技術の開発・導入が依然不十分であること、地盤構造物を建設する企業の経営資源の視点で、「ヒト（人材）」「モノ（技術）」「コスト（費用）」という2つ観点で課題を示します。

課題1：環境問題対応の新技術の専門人材の確保・育成
課題2：既存技術の活用による新技術の開発・導入
課題3：環境問題新技術の導入コストの低減

2. 最も重要と考えられる課題と解決策

　最も重要と考えられる課題とした理由を、新技術の開発・導入はコストや時間がかかり、既存技術を活用した方が短時間で効果が確認できる」と考えます。解決策は具体的に、自分の得意分野（専門的知識を有する）で書いて採点者へアピールすることがポイントとなります。解答論文の紙面配分を考慮し少なくとも3つを示すことをお勧めします。

解決策①：
解決策②：
解決策③：

3. 新たに生じるリスクと対策

　新たに生じるリスクは前問で解答した解決策をすべて実行しても新たに生じるものです。残存するリスクではありません。また、リスクが多いと解決策が十分ではないと判断されるため、リスクは1つに絞って書いた方が良いです。

　リスク対策は、リスクマネジメントの観点で複数（2つか3つ）を示すことをお勧めします。以下に文例を示します。

　<u>対策①</u>：○○（リスク分散）。

　<u>対策②</u>：△△（リスク低減）。

　<u>対策③</u>：□□（リスク回避）。

(4) ステップ4　各章の文字量の配分を決定する

　・論文の解答用紙に各章のタイトル（小見出し）と文字量の配分を決定します。

論文構成

（1枚目）

1. 環境問題に対応した新技術の 　　開発・導入の課題 　　視点、3つ課題の観点 （理由を書く） 課題1：環境問題対応の新技術の 　　　　専門人材の確保・育成   課題2：既存技術の活用による 　　　　新技術の開発・導入   課題3：環境問題新技術の導入 　　　　コストの低減   2. 最も重要と考えられる課題と 　　解決策

（2枚目）

解決策1：   解決策2：

（3枚目）

解決策3：   3：新たに生じるリスクと対策 新たなリスク： リスク対策1 リスク対策2 リスク対策3

1から3の内容をまとめると以下の内容になります。

・設問1で、3つの課題を挙げる際に、「視点」を明確にして論述を始めます。

・設問2で、最も重要な課題であることの理由を述べたうえで、その課題に対する対応を自らの経験も踏まえて具体的な事例を複数（2つ以上、3つ書いてあると良い）書きます。全体的な紙面割り振りも、配点が高いと想定される設問（2）に十分な文量で書くことをお勧めします。

・設問3で、新たに生じるリスクは1つに絞ります。リスクマネジメント手法を利用して「分散」「低減」「回避」の内容を具体的に書きます。

本問題の解答例を p.256 以降に示す。

2　建設部門（土質及び基礎）Ⅲ選択科目　令和3年度問題　解答例

解答例　　このページの問題文は p.251 を参照してください。

---

1. 環境問題に対応した新技術の開発・導入の課題

　現在の問題は環境問題に対応した新技術の開発・導入が依然不十分であること。地盤構造物を建設する企業の経営資源の視点から「ヒト」「モノ」「コスト」の3つの観点で課題を示す。

1）環境問題対応の新技術の専門人材の確保・育成

　我が国は人口減少が予想され、超高齢化社会が顕著。建設業はベテランの退職や若者の建設業離れで人手不足が顕著。加えて環境問題に対応した新技術の専門知識や取り組み実績を持つ人材は少なく、地方自治体や中小企業は人手不足により環境問題に対応する新技術の開発・導入用の人材を確保できない。いかにして環境問題に対応する新技術の開発・導入推進を図るための専門人材を確保・育成するかが課題。

2）既存技術の活用による新技術の開発・導入

　環境問題に対応する新技術が未だに少ない。新たに一から新技術を開発・導入するには多大な労力・コスト・時間が必要。地球温暖化に伴う気候変動により更なる自然災害の激甚化が懸念されるため、早期に環境問題に対応した新技術の開発・導入が求められている。いかにして既存技術を活用し、効率的に環境問題に対応する新技術を開発・導入推進を図るかが課題。

3）環境問題に対応する新技術の導入コストの低減

　地方自治体は人口減少による税収減少が顕著。新型コロナ感染症対策により財政がさらに悪化。環境問題に対応した新技術の開発・導入推進には新たに建設機械・測定器具が必要で、その導入費用は高額。中小規模の工事現場では新技術の導入コストが高いため、採算性の問題で新技術の導入を見送る場合が多い。いかに新技術の導入コストを低減させて環境問題対

応の新技術の開発・導入推進を図るかが課題。

2.　最も重要と考えられる課題と解決策

　最も重要と考えられる課題は、「既存技術の活用による新技術の開発・導入」である。その理由は、新技術の開発・導入はコストや時間がかかり、既存技術を活用した方が短時間で効果が確認できると考えるからである。下記に解決策を示す。

解決策①：デジタル技術を活用した遠隔臨場実施の高度化。従来のビデオカメラにデジタル技術を組み合わせて遠隔臨場を高度化、活用を促進。遠隔臨場が推進され現場検査のために車や鉄道を使わずに済むため、エネルギー消費やCO_2排出量が低減される。遠隔臨場に高精度ウエラブルカメラを導入し生産性向上と高度化を図る。地盤調査の遠隔臨場にCIMを導入、3次元データを活用して地盤の土層構成を可視化する。

解決策②：従来技術の地盤改良の高圧噴射撹拌工法を改良。高圧噴射工法の施工能率を向上させることで、施工に伴い排出される排泥の量を半分以下に低減。具体的には従来の高圧噴射撹拌工の噴射ノズルを改良、プラントを改良することで改良体の大口径化、施工の高速化を実現した大口径高圧噴射撹拌工がある。排泥の排出量を低減することで建設副産物の削減、生産性向上によりエネルギー消費が低減される。

解決策③：大規模造成工事の土砂運搬に鉱山やダム現場で活用されてきたベルトコンベアを導入。従来のダンプトラックや重ダンプによる土砂運搬を低炭素型のベルトコンベアによる土砂運搬に変えることで、エネルギー消費とCO_2排出量の大幅低減を実現。具体的には東日本大震災に伴う高台移転事業の大規模造成にベルトコンベアによる土砂運搬が活用された。

3.　新たに生じるリスクと対策

　新たに生じるリスクは、都市と地方自治体、大企業と中小企業の間で生じる環境問題に対応した新技術の導入格差の発生である。下記に対策を示す。

対策①：地方自治体の広域連携を活用した新技術の導入促進。広域連携を図る地方自治体で環境問題に対応した新技術の専門家を招いて合同勉強会を開催。新技術の情報収集・活用・情報提供を目的としたポータイルサイ

トを活用（リスク分散）。
対策②：入札制度改革による新技術導入促進。新技術活用チャレンジ方式
で環境問題に対応した新技術の導入した工事現場に加点。官民連携による
新技術の社会実装の取り組みを図る（リスク低減）。
対策③：地盤調査会社と通信機器メーカー、地方ゼネコンと ICT 建機メ
ーカーなどの異業種交流で新技術の開発・導入促進（リスク低減）。

解答案としてよいと判断されることは、
・設問1で、3つの課題を挙げる際に、「視点」を明確にしていることです。
・設問2で、最も重要な課題であることの理由を述べたうえで、その課題に
　対して自らの経験も踏まえて具体的な事例を書いていることです。
・設問3で、リスクは1つに絞り、リスクマネジメント手法を利用して「分
　散と低減」の内容を具体的に書いていることです。
　全体的な解答論文用紙の紙面割り振りも、配点が高いと想定される設問（2）
に十分な文字量で書かれています。
　なお、視点とは、観点を述べるうえでの見方のことをいいます。

3　建設部門（土質及び基礎）Ⅱ選択科目　令和3年度問題　解答例

Ⅱ選択科目−1　　原稿用紙1枚問題

令和3年度技術士第二次試験問題（建設部門）土質及び基礎【Ⅱ選択科目】
Ⅱ-1-4　地盤の液状化発生のメカニズムを示し、液状化対策のうち、固化による地盤強度増加と格子状改良によるせん断変形抑制等の固結工法以外の対策原理が異なる工法を2つ挙げ、その概要と留意点を述べよ。

解答例

1.　地盤の液状化発生のメカニズム
メカニズム①：上向き浸透流による液状化。緩い砂地盤を掘削した際、地下水の水位差により地盤に上向き浸透流が作用する。地盤内の砂粒子に上向き浸透圧が作用して砂粒子の水中重量と等しくなると砂が浮遊状態となる。更に水頭差が大きくなると砂が沸き上がる状態となり液状化が発生。
メカニズム②：繰返しせん断による液状化。飽和した緩い砂地盤に地震による急な繰返しせん断が作用する。負のダイレクタンシーに伴う体積圧縮に排水が間に合わなくなり、過剰間隙水圧が発生、この間隙水圧上昇で有効応力が減少して有効応力が0のとき液状化が発生。
2.　対策原理が異なる対策工法の概要と留意点
対策工法①：締固め工法。緩い砂地盤に砂杭を打設して周辺地盤を締固め、密度を増大させる工法。留意点は、細粒分含有率が多い地盤には改良効果が小さいこと。振動・騒音が問題となる市街地等では低騒音・低振動の工法を選定すること。
対策工法②：掘削置換工法。緩い砂地盤の全部または一部を掘削除去して良質土に置換える工法。留意点は、深度2m以内の浅い地盤に適用され

ること。地下水などで水浸する地盤に対しては平均粒径 D50 が 10mm 以下、D10 は 1mm 以下の粗粒土を使用すること。埋め戻し土の締固め管理を慎重に実施すること。

解答案として、良いと判断されること、

1. 問題文に問われている「発生メカニズム」と「対策原理が異なる工法（2つ）」を小見出しで分けて、短文で分かりやすく書いているところです。
2. 特に対策工法は専門用語を用いて具体的に分かりやすく短文で書いているところです。

Ⅱ 選択科目−2　　原稿用紙 2 枚問題

令和 3 年度技術士第二次試験問題（建設部門）土質及び基礎【Ⅱ選択科目】

Ⅱ-2-1　【模式図】に示すような高速道路を新設する工事計画がある。この高速道路は山間部を通過する計画であり、沢地形に 20m を超える高盛土が計画されている。この盛土に使用される盛土材と同性状の盛土材（【脆弱岩材料の区分】において、（ア）に相当する材料〈スレーキング率：30％以上、破砕率：50％以下〉）を使用した近傍の高速道路においては、供用後に盛土の圧縮沈下が発生し、舗装面のクラック、排水施設にズレや破損といった変状が発生している。今後、この工事計画を進めるに当たり、土質及び基礎を専門とする技術者の立場から調査・設計・施工のうち複数の段階を想定し、以下の内容について記述せよ。

（1）調査、検討すべき事項とその内容について複数挙げ、説明せよ。
（2）業務を進める手順を列挙して、それぞれの項目ごとに留意すべき点、工夫を要する点を含めて述べよ。
（3）業務を効率的、効果的に進めるための関係者との調整方策について述べよ。

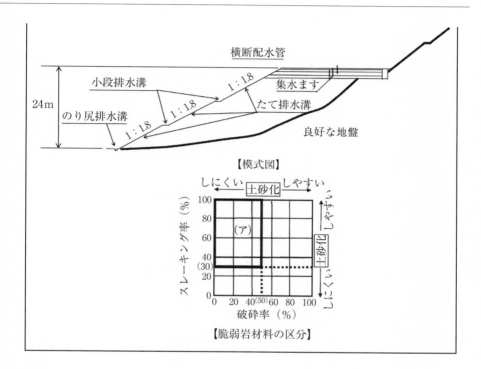

【模式図】

【脆弱岩材料の区分】

解答例

1. 調査、検討すべき事項

1) 道路盛土の円弧すべり検討

　20mを超える高盛土であるため、盛土の施工中と施工後の円弧すべりの検討を実施。検討に必要な調査を以下に示す。①標準貫入試験：地盤にSPTサンプラを動的に貫入、地盤の硬軟、締り具合を示すN値を測定。土層構成を確認して地質柱状図を作成。②圧密非排水（CU）三軸圧縮試験：土のせん断強さを示す内部摩擦角、粘着力を算出。③土の湿潤密度試験：盛土材の単位体積重量を測定。

2) 盛土のスレーキングに伴う変状調査

　スレーキング率30％以上の盛土材を使用するためスレーキングによる

盛土の変状が懸念される。検討に必要な調査を以下に示す。①スレーキング試験：盛土材のスレーキング試験を実施しスレーキング率を算出。②盛土の締固め試験：盛土の締固めの最適含水比を測定。

2. 業務遂行手順と留意点・工夫点

業務遂行手順と留意点・工夫点を下表に示す。

業務手順	内容	留意点・工夫点
① 設計条件の設定	・想定される作用、要求される性能の設定	・設計条件の整理、基準の確認
② 現地調査	・標準貫入試験	・盛土横断方向の3点、測点20m毎の断面で実施。
③ 安定照査	・盛土の円弧すべりの検討	・スレーキングによる盛土の土砂化を考慮して定数設定。
④ 盛土設計	・基礎地盤、法面、排水施設の設計	・基礎地盤が傾斜。すべりリスクがあるため基礎地盤を段切り対策
⑤ 施工	・基礎地盤処理、盛土、排水施設の施工	・盛土施工中、施工後の動態観測の実施。変状が見られる場合は工事中止。 ・施工中の水理条件により排水施設の変更協議実施

3. 関係者との調整方策

道路管理者、設計コンサルタント、施工者で定期的に三者会議を実施する。問題点の洗い出しと課題の抽出及び対策の検討を行う。CIM を導入し3次元データを活用して施工ステップを可視化し、道路管理者との合意形成の効率化を図る。

対策工法検討時は、各工法のメリット・デメリットを明確に記載し、LCC を考慮した概算工事費を含む比較表を作成して検討工法の合意形成を効率よく行う。クラウド型工事管理システムを導入し、道路管理者、設計コンサルタント、施工者で図面、工事写真、試験結果の一元管理と情報共有の迅速化を図る。

解答案として、よいと判断されることは、

・設問1で調査すること、検討することを分けて、具体的に書いていること
　です。

・設問2で手順を表形式にして、内容と留意点・工夫点を簡潔に書いている
　こと。なお、表記式を用いる場合でも1マス1文字で書く必要がありま
　す。

・見やすく定義を使って表を丁寧に書き、箇条書きで表中を埋めることが肝
　要です。

・設問3は最初に関係者を明示していること、具体的な方法を用いてそれら
　の関係者と合意形成を図る（調整）方策を示していることです。

4 建設部門（土質及び基礎）Ⅲ選択科目 令和3年度問題 解答例

キーワードと自分の業務に対応させた論文作成の例

> Ⅲ-1 近年我が国においては環境危機が深刻化しており、地球温暖化の進行に伴う海面水位の上昇、降雨の強度・頻度の増加などによる災害の頻発・激甚化のリスクが増加している。さらに、大量の資源・エネルギー消費から、自然との関わり方や安全・安心の視点を含めて、持続可能でよりよい社会の実現を目指す方向へと価値観や意識の変化が生じており、温室効果ガス排出量の削減や建設副産物の削減など環境問題に対応した社会資本の整備が望まれている。
>
> このような背景の中、土質及び基礎を専門とする技術者の立場から以下の設問に答えよ。
>
> (1) 新たに地盤構造物（盛土、切土、擁壁、構造物基礎等）を建設する際、環境問題に対応した新技術の開発・導入の推進に関して、技術面・制度面など多面的な観点から3つ課題を抽出し、それぞれの観点を明記したうえで、課題の内容を示せ。
>
> (2) 前問 (1) で抽出した課題のうち最も重要と考える課題を1つ挙げ、その課題に対する複数の解決策を示せ。
>
> (3) 前問 (2) で提示したすべての解決策を実行しても新たに生じうるリスクとそれへの対策について、専門技術を踏まえた考えを示せ。

　本問題では、土質及び基礎を専門とする技術者の立場から新たに地盤構造物を建設するのですが、自らの経験も踏まえて地盤構造物の種類を示して解答することをお勧めします。

　したがって、自分が知るところの地盤構造物を念頭に (1)「環境問題に対応した新技術の開発・導入の推進」を多面的な観点から3つ明記したうえで、課題の抽出を行います。

　次の (2) 最重要課題と解決策、(3) 新たに生じうるリスクとその対策、については、これまでの問題と同じ出題内容となっています。

3－1　機械部門　必須科目　解答例

　令和元年度より試験制度変更により、これまで択一試験であった必須科目の試験は筆記試験に変わりました。早速今年度実施された機械部門での筆記試験の問題に対して解答例を示し、今後の試験対策として活用してください。

令和元年度機械部門必須科目Ⅰ－2の問題

Ⅰ－2持続可能な社会の実現に近年多くの関心が寄せられている。例えば2015年に開催された国連サミットにおいては、2030年までの国際目標SDGs（持続可能な開発目標）が提唱されている。このような社会の状況を考慮して、以下の問いに答えよ。

(1) 持続可能な社会実現のための機械機器 装置のものづくりに向けて、あなたの専門分野だけでなく機械技術全体を総括する立場で、多面的な観点から複数の課題を抽出し分析せよ。

(2) 抽出した課題のうち最も重要と考える課題を1つ挙げ、その課題に対する解決策を具体的に3つ示せ。

(3) 解決策に共通して新たに生じるリスクとそれへの対策について述べよ。

(4) 業務遂行において必要な要件を機械技術者としての倫理の観点から述べよ。

技術士 第二次試験 模擬答案用紙

受験番号						技選	機械部門	受験申込書に記入した専門とする事項
問題番号	Ⅰ-2						科目	

枚　
枚 目
1／3

（1）機械機器装置のものづくりに向けての課題
持続可能な社会の実現に向けて機械技術全体を総括した
立場から代表的な課題を3つ挙げる。
1）産業と技術革新の基盤づくり
進展が著しいIT技術、新素材等の新技術を積極的に取
り入れ、新製品や高性能化した機器やプラントを開発し
て産業の技術基盤作りへの貢献が課題である。
2）使いやすく、利便性が高く、安全な機器の開発
自動車、家電など身近に使う機械製品は多い。自動化、
高機能化を図るとともに操作性、信頼性の向上を図り、
より使い易く、安全な機器の実現を課題とする。
3）クリーンで持続可能なエネルギー源や電力の確保
機械製品の駆動にはエネルギーや電力が必要である。誰
もが、どこででも簡単にクリーンなエネルギー源や電力
を確保できる方法、仕組みの実現が課題である。
（2）最も重要と考える課題と、解決策
1）最も重要な課題
エネルギー分野の機械技術者の立場からクリーンなエネ
ルギー源、中でも電力を安定して容易に確保できる技術
開発、仕組みづくりを最重要課題として挙げる。
1）課題の解決策
電力の安定供給、経済性、環境への適合を図るために将
来の適切な電力ミックスの目標を設定して、目標達成に
向けて各電力源の課題解決を図る。
省エネを推進し、再生エネルギーを20%以上に増加し、

技術士　第二次試験　模擬答案用紙

受験番号		技	機械部門	受験申込書に記入した専門とする事項
問題番号	Ⅰ－2	選	科目	

火力発電を60％弱に低減することを目標として、電力源それぞれに3つの具体的な解決策を講じる。なお、原子力発電は事故発生時のリスクが大きい。段階的に縮小し、最小限割合とするのが現実的である。

①火力発電分野：主力電源であるが、地球温暖化の要因となるCO_2の排出量の削減が課題である。解決策は炭素排出量の少ない天然ガスへの転換、高効率化、排出したCO_2の回収等による低炭素化の推進である。

②再生可能エネルギー分野：一層の普及と供給の安定性が課題である。系統連系の制約解消、発電コスト低減による普及促進が解決策である。太陽光、風力発電では技術開発等によりコスト低減が進む見通しである。③省エネルギー分野；一層の推進が課題である。高効率発電、熱利用の推進、省エネシステム導入、次世代自動車などの種々の手法を組み合わせて解決を図る。

（3）解決策に共通して生じるリスクとそれへの対策

上述の解決策は、技術的には実現の見通しが得られているが、実用化して普及するには共通のリスクがある。各リスクと対策を以下に示す。

1）費用の制約によって実現できないリスク

解決策の実現には、技術開発費をはじめ、既存システムの更新費用、場合によっては社会システムの変更を伴うこともあり、高額の費用がネックとなって実現されないリスクがある。対策は、様々な資金面での支援措置とともにコスト低減策を実施することである。

技術士　第二次試験　模擬答案用紙

受験番号						技	機械部門	受験申込書に記入した専門とする事項
問題番号	I-2					選	科目	

枚
枚　目
3 / 3

①	公	的	支	援	、	フ	ァ	ン	ド	設	立	等	で	の	資	金	的	な	支	援	
②	コ	ス	ト	低	減	仕	様	の	機	器		装	置	の	開	発	の	促	進		
③	技	術	開	発	特	許	の	オ	ー	プ	ン	化	に	よ	る	新	技	術	の	普	及	促	進
2	)	計	画	の	遅	れ	に	よ	っ	て	実	現	で	き	な	い	リ	ス	ク	

技術開発や事業認可等が長期化して計画が遅れ、実現を妨げるリスクがある。情報の収集　活用、人的協力等で計画日程を維持することが有効な解決策である。

① 関連事業者が連携して先端技術（例えば、ガスタービンの高温材料、燃料電池のセル材料、AI化技術など）の情報を共有して開発期間の短縮を図る。

② 共同研究　開発などの技術面からの人的協力によって開発、プロジェクトを推進し、期間短縮を図る。

（4）倫理の観点からの業務遂行に必要な要件

エネルギーや電力分野の技術開発やプロジェクトは規模が大きいものが多い。また、電力は産業、運輸、家庭部門の基盤となるので社会への影響が大きい。

技術的な目標、経済的な目標を設定して業務遂行するのが基本であるが、さらに幅広い観点から倫理に留意して業務を遂行することが求められる。

① 安全性の確保：当該のシステムの安全確保はもちろん、関連する人員、システムの安全に配慮する。

② 環境の配慮：システムが大きいだけに外部環境に与える影響も大きい。様々な面からの留意が求められる。

③ 人的な配慮：関連する人材が安心して能力を発揮して働ける環境を作ることが必要である。以上

> (1)　機械機器・装置のものづくりに向けての課題
> 1)　産業と技術革新の基盤づくり
> 2)　使いやすく、利便性が高く、安全な機器の開発
> 3)　クリーンな持続可能なエネルギー源や電力の確保
> (2)　最も重要と考える課題と、解決策
> 1)　最も重要な課題
> 2)　課題の解決策
> (3)　解決策に共通して生じるリスクとそれへの対策
> 1)　費用の制約によって実現できないリスク
> 2)　計画の遅れによって実現できないリスク
> (4)　倫理の観点からの業務遂行に必要な要件

本解答例と問題文の設問に対する論文の書き方について確認してみましょう。
問題文から背景となるのは「持続可能な社会実現に向けて」その内容が書かれているかが重要になります。これについては以下の解答例を見ながら確認します。

「(1) 機械機器 装置のものづくりの課題」については、次の見出しでもわかるように多面的ととれる複数の課題を抽出しています。「(1) 産業と技術革新の基盤づくり」「(2) 使いやすく、利便性が高く、安全な機器の開発」「(3) クリーンな持続可能なエネルギー源や電力の確保」となっています。特に、持続可能な社会実現に向けて意識した書き方とし、産業と技術イノベーションに関して「産業と技術革新の基盤作り」、日常を意識した「使いやすく、利便性が高く、安全な機器の開発」、そして最も基本となるエネルギーについて「クリーンな持続可能なエネルギー源や電力の確保」と書かれています。

「(2) 最も重要と考える課題と解決策」については、重要な課題は見出の中で取り上げられています。文中に「最も重要な課題」は電力の安定供給とし、「課題の解決策」では火力発電分野、再生可能エネルギー分野、省エネルギー分野と主要電源と今後普及を図りたい再エネ、そして一層の省エネとバランスある解答例となっています。

「(3) 解決策に共通して生じるリスクとそれへの対策」については、リスクとして「費用の制約によって実現できないリスク」と「計画の遅れによって実現できないリスク」の2つを挙げています。その対策としては、「費用の制約によって実現できないリスク」では、様々な資金の面の支援措置とともにコスト低減を挙げられており「計画の遅れによって実現できないリスク」では、情報の収集 活用、人的協力等で計画日程を維持することが有効であると書かれています。

「(4) 倫理の観点からの業務遂行に必要な要件」については、幅広い観点から、安全性の確保、環境の配慮、人的な配慮を挙げています。一般的な倫理の要件を挙げられています。
全体としてはまとまりある解答になっています。

　必須科目で問われるコンピテンシーは5つです。各設問と評価項目の割り振りも決まっており、①専門的学識は設問全般、②問題解決は設問1と設問2、③評価は設問3、④技術者倫理は設問4、⑤コミュニケーションは設問すべての論文記述力となっています。すべての部門の問題文は、ほぼ同じ形式と内容となっています。すなわち、毎年のテーマが変わるだけですから、問題文に忠実に解答する準備をすれば必ず合格圏の論文は書けるようになります。

　必須問題の出題内容は、現代社会が抱えている様々な問題について「技術部門」全般に関わる基礎的なエンジニアリング問題としての観点から、多面的に課題を抽出して、その解決方法を提示し遂行していくための提案を問うものです。

　必須問題で問われる「現代社会が抱えている様々な問題」とは、地球温暖化、カーボンニュートラル、自然災害の激甚化、人口減少と高齢化加速、技術者不足、BCP、持続可能な開発目標（SDGs）実行、パンデミック拡大、新技術（DX）開発などがあります。

3－2　機械部門　選択科目　論文実例

1　キーワードの展開による論文作成の例

令和3年度 機械部門　（機械設計）Ⅲ選択科目（解答用紙3枚）

Ⅲ-1　製造現場では、少子高齢化により生産年齢人口が減少する課題に対して、IoT（Internet of Things：モノのインターネット）、AI（Artificial Intelligence：人工知能）に代表されるデジタル技術を活用して、設備状態監視、生産品質管理、異常検知、故障予測などを行い、現場に人がいなくても自動化された設備により生産性を維持、向上できるスマート工場化が進められている。

(1) 自動化された設備を開発する技術者の立場で、具体的な事例を挙げて、多面的な観点から3つ課題を抽出し、それぞれの観点を明記したうえで、課題の内容を示せ。

(2) 抽出した課題のうち最も重要と考える課題を1つ挙げ、その課題に対する複数の解決策を示せ。

(3) すべての解決策を実行しても新たに生じうるリスクとそれへの対策について、専門技術を踏まえた考えを示せ。

本問題では、製造設備の開発を行う機械設計の立場から、具体的な事例を挙げ、自動化された設備の開発に向けてどのように解答論文を考えるかについて、以下に示すステップ毎に進めてみましょう。

ステップ1　この問題を熟読し、自動化設備の開発について自分が開発しようとする自動化設備の事例を取り上げます。多面的な観点と3つの課題を問題文の背景から抽出する。

ステップ2　問題を読んで章立てを決定します。

ステップ3　各章の記述する骨子を考えます。

　　　ステップ4　各章の文字量の配分を決定する。
　　　ステップ5　記述開始します。

　これらのステップ4までの作業を試験開始20分かに25分で終えるのが理想です。

(1) ステップ1　解答を絞り込む

　問題文から、企業の経済資源の視点から（ヒト・モノ・情報）の3つの観点から課題を抽出します。

　また、問題文では具体的な事例を挙げてと指示されているので、自分が開発しようとする自動化システム工場を想定しても良いし、自社の生産システムに対応させて解答しても良い。課題は、ヒトの観点から多様なデジタル技術に対応できる人材不足、モノの観点からデジタル技術を生かした自動化工場のステムの確立、情報の観点では企業組織活動に活用できるデジタルDXの採用が挙げられます。

(2) ステップ2　章立てを考える

　1）自動化設備開発の多面的な観点と3つの課題
　2）最重要課題と課題に対する解決策
　3）解決策を実行しても新たに生じうるリスクとその対策

(3) ステップ3　解答論文の記述骨子を考える

　1）自動化設備の開発事例を自動化工場と考えます。自動化工場開発について企業経営資源である。課題は問題点や現状のマイナス面を言及し、ヒトの観点での課題は、モノ（技術）の観点での課題は、情報の観点での課題は、各々の課題でやるべきことの内容について記述する。

　2）最も重要な課題について、モノの観点からデジタル技術を生かしたスマート工場化システムの確立と挙げ、何故、最重要と考えたかを示し、課題の解決策を提案する。提案には、例えば、品質チェックのミスを防ぐ、危険な作業や工程を機械に任せる、高い技術を持つ熟練工に頼らな

い、長時間労働をなくす等の自動化工場の目標にあわせ複数の提案を行う。

3）解決策を実行しても新たに生じうるリスクとその対策の骨子は、解決策に共通する項目から実施後のリスクを抽出し、その対策は専門技術を踏まえてと指示されていることから、機械設計で用いる仕組みを対策の中に盛り込み説明を入れて下さい。

（4）ステップ4 各章の文字量の配分を決定する

論文の用紙に各章のタイトルと文字量の配分を決定する。

論文構成

（1枚目）	（2枚目）	（3枚目）
(1) 自動化設備開発の多面的な 　　観点と3つの課題 1) ○○の観点からの課題1 2) ○○の観点からの課題2 3) ○○の観点からの課題3	(2) 最重要課題に対する解決策 1) 最重要課題とその理由 2) 課題解決策1 3) 課題解決策2	(3) 解決策を実行しても新たに 　　生じうるリスクとその対策 1) 新たに生じうるリスク 2) リスクのその対策

273

（1）から（3）の内容を纏めると以下の内容になります。

・設問1で、3つの課題を挙げる際にどのような考え方で3つを挙げたかの
　理由を述べて論述を始めます。

・設問2で、何故最も重要な課題かを述べたうえで、解決策は2つか3つを
　記述してください。全体的な紙面の割り振りも重要なポイントですから設
　問2が最も多い文字量にすることです。

・設問3で、新たに生じるリスクは1つに絞ります。対策はリスクマネジメ
　ント手法を用いて「分散」「低減」「回避」の内容を組題的に書きます。

2 機械部門（機械設計）Ⅲ選択科目　令和3年度問題　解答例

問題

Ⅲ−1　製造現場では、少子高齢化により生産年齢人口が減少する課題に対して、IoT（Internet of Things：モノのインターネット）、AI（Artificial Intelligence：人工知能）に代表されるデジタル技術を活用して、設備状態監視、生産品質管理、異常検知、故障予測などを行い、現場に人がいなくても自動化された設備により生産性を維持、向上できるスマート工場化が進められている。

(1) 自動化された設備を開発する技術者の立場で、具体的な事例を挙げて、多面的な観点から3つ課題を抽出し、それぞれの観点を明記したうえで、課題の内容を示せ。

(2) Ⅲ選択問題では、専門的知識と実務を1つ挙げ、その課題に対する複数の解決策を示せ。

(3) すべての解決策を実行しても新たに生じるリスクとそれへの対策について、専門技術を踏まえた考えを示せ。

解答例

<u>(1)　自動化設備開発の多面的な観点と3つの課題</u>

　想定する自動化設備はユニット式汎用物流自動化倉庫とする。中小の倉庫では今でも、収納、商品検品、ピッキング、梱包、積み込み、など作業の一部またはすべてを手作業で行っている。また、商品の重量や大きさによりフォークリフトや天井クレーンで移動するなど危険を伴う作業が発生する場合もある。中小の物流倉庫をユニット式汎用自動化倉庫として開発する。観点は経営資源の視点から（ヒト・モノ・情報）とし、企業の経営の問題点から課題を抽出する。

1）モノ（技術）の観点からの課題

　物流倉庫全体をモノ（技術）の観点からの課題は、ユニット式汎用自動化物流倉庫システムの構築が課題である。受入れ商品の入荷から出荷までの一連の作業を作業員に頼らないデジタル技術を活用した汎用化した自動化物流倉庫システムの構築が必要である。

2）ヒトの観点からの課題

　作業員不足の背景からヒト観点からの課題は、作業員が介在しなくても良いシステムの構築が課題である。しかしながら、緊急時対応、運転・停止、運転監視など最低限の作業には作業員が必要である。安全な環境と有事における操作の容易性、信頼性の高いシステムが必要となる。

3）情報の観点からの課題

　情報の観点からの課題は、デジタル技術を活用し情報通信品質の確保が課題である。自動化システムはデジタル技術を用いてローカル5Gネットワーク通信を使用する。IoTによる各種センサーの情報により物流倉庫全体をシステム化する為、通信の干渉調整やネットワークの最適性が最も重要である。

<u>(2)　最重要課題に対する解決策</u>

<u>1）最重要の課題とその理由</u>

　最重要の課題は、デジタル技術を活用したユニット式汎用自動化物流倉

庫システムの構築である。理由は、作業員の不足や EC 通販の取引拡大など社会のニーズに応える為である。中小の物流倉庫は各企業が自社の都合で作られてきたが、昨今の社会情勢に鑑み中小の物流倉庫はデジタル化を活用しコストを抑制したユニット式汎用自動化物流倉庫の開発は有効である。

2) 解決策は、荷物の自動仕分け装置の汎用化

　導入企業の取り扱う荷物に合わせたユニット化を実現する。入荷管理とラベル貼り、自動仕分けとコンベア、それらに使用する荷物の寸法計測・容量計測・出荷管理とパレットピッキングや荷造りを倉庫作業のトータルで自動化した倉庫とする。荷物ラベルには、自動で荷物の配送別、重量選別、大きさ選別、運送会社選別、各種選別を仕分けの選択ができる。

　物流倉庫はユニット方式とし、顧客ニーズで倉庫サイズを決める汎用化したユニットは工場制作を主体とし、現場施工は統一規格で制作されたユニットの組み合わせによりコスト低減を可能にする。

3) 解決策は、ローカル 5G にて IoT センサーによる各種監視と自動化

　ユニット式汎用自動化物流倉庫に最適なローカル 5G のメリットは、通常の 5G で万一通信障害が発生しても影響しないことから設備に対して安定した稼働が可能である。また、初期投資は必要であるが、運用コストは低価格であり負担も少ない。

　ユニット式汎用自動化物流倉庫のシステムには超高速通信で倉庫内の機器や設備のセンシングおよび遠隔制御を通じて、自動仕分けコンベア、自律型ロボットや自律型無人搬送車（AGV）の遠隔制御が可能とする。デジタル技術を大幅に採用し、荷物の機能的な仕分け、品質改善、使用エネルギーの節減等や設備の故障検知や予防保全に AI 機能を有するシステムを活用した一連のシステムを構築する。

(3) 解決策を実行しても新たに生じうるリスクとその対策

1) 新たに生じうるリスク

①ローカル 5G の通信干渉がリスクとなる。

　ユニット式汎用自動化物流倉庫はコストを抑え、汎用システムの組み合

わせにより自動化物流倉庫の全体を構築する。従ってこれまでに経験していないローカル5Gでの通信干渉がリスクとなる。また、コスト低減を希求し、コンパクトを追求すればするほど通信干渉のリスクは増大する。

②作業員と自律型ロボットとの安全性がリスクとなる。

　汎用自動化物流倉庫では、自律型ロボットや自律型無人搬送車等が倉庫内移動することになる。したがって、コンパクトな建屋内をロボットやAGVが移動することから最小限の作業員とは一部で協業する場があることから安全性がリスクになる。

2) リスクのその対策

①通信干渉リスク対策は、通信ネットワーク環境と、設置階毎の有線LANと無線LANを用いて階層別と区画別を組み合わせの設計とする。

　無線LANの場合、コンクリート壁、大型機器、機器設備などの影で電波状態が悪い場合は設置時に電波調査を行い、効果的な無線ルータ設置場所を選定する。電波の不安定な場合は、既存の電力線を利用して電力と一緒にデータ通信を行うシステムを用いればLANの配線を敷設できない場合でもネットワーク構築が可能となる。

②自立型ロボットや自律型無人搬送車などのPLCには、周囲の人や物に危害や損害を与えないよう安全対策が義務化されており、安全対策適用の規格品を採用する。

3 機械部門（機械設計）Ⅱ選択科目 令和 3 年度問題 解答例

Ⅱ選択科目－1 原稿用紙 1 枚問題

> Ⅱ-1-1 非破壊試験の方法を 2 つ挙げ、それぞれの原理、特徴及び主に適用可能な対象について述べよ。

解答例

非破壊謎験について

　非破壊検査とは、部品の構造物に有害な傷などを破壊することなく検出する技術である。発電所の設備からビル、鉄道、地中埋設物にいたる、社会資本すべてが対象である。一般的な放射線透過試験と超音波探傷検査について以下に述べる。

1) 放射線透過試験の原理と特徴、適用対象

　原理は、検査物にX線、ガンマー線の放射線を物体中に透過させ、放射線の性質から一様な強さで照射することによって欠陥部分と正常な部分の放射線の吸収の差をフィルムに撮影する方式である。

　特徴は、放射線を使用するために安全管理が必要であり、検査する取扱者は資格取得者でなくては使用できないため、検査時は一般の作業者などは近づけない。

　適用対象は、試験による欠陥検出は、ブローホール、溶け込み不良、内部欠陥、異物、空隙の他に、非金属にも適用でき異物や空隙なども検出可能である。

2) 超音波探傷検査の原理と特徴、適用対象

　原理は、水晶やチタン酸バリュウムなどの圧電材料に電圧を加え、超音波を発生させる。超音波は波長が短く直進性があり、固体、液体、気体の

境界面で反射されやすいため、その反射波を画像化して内部の欠陥検出を
する検査方式である。

　特徴は、平板状の欠陥であればどれだけ薄い場合でも大きな欠陥エコー
を得ることができるが、球状の欠陥に関しては検出能力が低い。また、鋳
造品や鉛は適用が困難である。

　適用対象の、検査欠陥としては、金属の溶け込み不良、内部欠陥、巣、
厚さ、結合不足である。またコンクリート構造物の調査についても検査可
能である。

Ⅱ 選択科目−2　　原稿用紙2枚問題

Ⅱ−2−2　一般に機械製品には稼働中に温度の上昇する部位があり、冷却や
熱変形を考慮した熱・温度設計を行うことが必要となる。あなたは製品開
発のリーダーとして、熱・温度変化を考慮しつつ要求された機能を満たす
製品の設計をまとめることになった。業務を進めるに当たって、下記の問
いに答えよ。
(1) 開発する機械製品を具体的に1つ示し、熱・温度設計を行う際に、調
　　査、検討すべき事項を3つ挙げ、その内容について説明せよ。
(2) 上記調査、検討すべき事項の1つについて、留意すべき点、工夫を要
　　する点を含めて業務を進める手順を述べよ。
(3) 機械製品の設計担当者として、業務を効率的、効果的に進めるための
　　関係者との調整方策について述べよ。

解答例

　想定する製品は、新型 EV 用のブレーキパッドを想定する。

　ブレーキパッドは安全装置であることから EV 自動車の重要部品である。

(1)　熱温度設計時に行う際の調査・検討項目を３つ挙げる

　ブレーキパッドの使用条件や過去のエンジン用ブレーキパッドの熱温度設計の実績をもとに以下の調査と検討を行う。

1)　ブレーキパッド面の使用時最高温度の調査

　EV 車の使用場所の周囲の最高温度と最高速度での急ブレーキ時のブレーキパッド面での最高温度を調査する。

2)　最高使用温度からの熱余裕度の設定の検討

　EV 車の安全保護装置があることから、熱シミュレーション結果とエンジンブレーキパットの実績を考慮して、最大限の熱余裕度のある材料を検討する。

3)　熱対策の実施方法の検討

　ブレーキデスクとブレーキパッドは接触によってブレーキ機能を果たすことから、ブレーキデスクの表面が鏡のように磨きがかかる状態では機能が発揮できない。従って、ブレーキパットの最大使用温度に熱余裕度を持たせたものとし、ブレーキデスクと一体で運転時の冷却を最大限に取り入れる構造とすることを検討する。

(2)　調査検討項目の内の一項目の業務手順と留意点と工夫点

　EV 部品の使用時の最高温度の調査結果から業務手順について

手順①ブレーキパッドの最高使用温度の計算

　EV 車の使用場所の周囲の最高温度と最高速度での急ブレーキ時のブレーキパッド面での最高温度を計算する。留意点は最も厳しい環境温度条件で計算する。工夫点は、ブレーキパットを覆うケースはヒートシンクの機能を有する材料を使用し冷却効果を活かし、形状と強度にも熱対策に配慮した設計とする。

　手順②ブレーキパッドに使用する材料の決定ブレーキパッドに使用するパットの発熱特性と熱伝導特性を考慮して材料を決定する。留意点は図—1のプロセスを繰り返し最高温度設定決定する。工夫点は、材料利用の決定は、机上検討のみでなく実験結果も考慮して合理的な材料を選定とする。手順③ブレーキパットとブレーキデスクの双方の熱設計を行う。パットとデスクは一体であることから、共に温度設計的に問題のない材料になっているか確認する。留意点は、ブレーキ全体の配置は最大限に冷却機能を生かせる取り付け場所とする。工夫点は、エンジン用ブレーキパットと比較し、大きく相違ない結果であるか確認する。

(3) 業務を効率的・効果的に進める調整方策

　業務を効率的に進める方策として、材料の検討段階では材料の専門家を招集し、使用材料の特性や汎用性などを確認する。特にエンジン用のブレーキとの相違する場合はその理由についても確認する。

　業務を効果的に進める方策としては、ブレーキパットとブレーキデスクの各材料については二～三案を選択し、組み合わせ結果についてはシミュレーションだけでなく、実験で最適な組み合わせを選定する。図1に示す実施結果は社内の関係者には定期的に各種実施結果を報告する。また、最終報告ではコスト面、材料調達の容易性、工作の容易性、材料強度などの適合性と汎用性を考慮して決定したことを説明する。

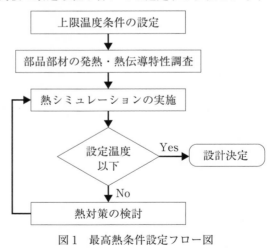

図1　最高熱条件設定フロー図

4　機械部門（機械設計）Ⅲ選択科目　令和3年度問題
　キーワードと自分の業務に対応させた論文作成の例

Ⅲ-2　労働力人口や企業の経営資源の減少に伴い、機械製品のコンポーネントをすべて内製するのではなく、その一部を外製することは一般的になってきている。特に新しい分野の製品を開発するに当たっては、自社のリソースでは対応が難しいコンポーネントを外製化し、外部の専門企業が持つ高い知見や技術力を自社のために活用できるのは大きなメリットとなる。

(1)　新しく開発する機械製品を具体的に1つ示し、その設計を担当する技術者の立場で、一部のコンポーネントを外製する場合の課題を多面的な観点から3つ抽出し、それぞれの観点を明記したうえで、課題の内容を示せ。

(2)　抽出した課題のうち最も重要と考える課題を1つ挙げ、その課題に対する複数の解決策を示せ。

(3)　すべての解決策を実行しても新たに生じうるリスクとそれへの対応策について、専門技術を踏まえた考えを示せ。

　本問題では、機械製品の開発を行う機械設計の立場から新しく開発する機械製品に関して解答するのですが、問題文で具体的に1つ示してと指示されています。

　したがって、自社または自分が知るところの機械製品を念頭に (1)「一部のコンポーネントを外製する場合の課題」を多面的な観点から3つ明記したうえで、課題の抽出を行います。

　次の (2) 最重要課題と解決策、(3) 新たに生じうるリスクとその対策、についてはこれまでの問題と同じ出題内容になっています。

　本問題では、キーワードの解答論文と全く同じステップ毎で進めて問題ありません。注意を要するのは具体的に示した機械製品を中心に説明し、問題文で問われている「一部のコンポーネントを外製する場合の課題に関して」解答することを心掛けなくてはなりません。

4-1 電気 電子部門　必須科目　解答例

　令和元年度より試験制度変更により、これまで択一試験であった必須科目の試験は筆記試験に変わりました。早速今年度実施された電気 電子部門での筆記試験の問題に対して解答例を示し、今後の試験対策として活用してください。

令和元年度　電気電子部門の必須科目Ⅰ-2の問題

Ⅰ-2　我が国の人口は、2008年をピークに減少に転じており、2050年には1億人を下回るとも言われる人口減少を迎えている。人口が減少する中で、電気電子技術は社会において重要な役割を果たすものと期待され、その能力を最大限に引き出すことのできる社会 経済システムを構築していくことが求められる。

（1）　人口減少時代における課題を、技術者として多面的な観点から課題を抽出し分析せよ。解答は、抽出、分析したときの観点を明記した上で、それぞれの課題について説明すること。

（2）　（1）で抽出した課題の中から電気電子技術に関して関連して最も重要と考える課題を1つ挙げ、その課題の解決策を3つ示せ。

（3）　その上で、解決策に共通して新たに生じるリスクとそれへの対策について、専門技術を踏まえた考えを示せ。

（4）　（1）〜（3）業務遂行において必要な要件を、技術者としての倫理、社会の持続可能性の観点から述べよ。

技術士　第二次試験　模擬答案用紙

受験番号							
問題番号	I－2						

技選	電気電子部門	受験申込書に記入した専門とする事項
	科目	

枚　目
1／3

1.	人	口	減	少	時	代	に	お	け	る	課	題	の	抽	出	と	分	析

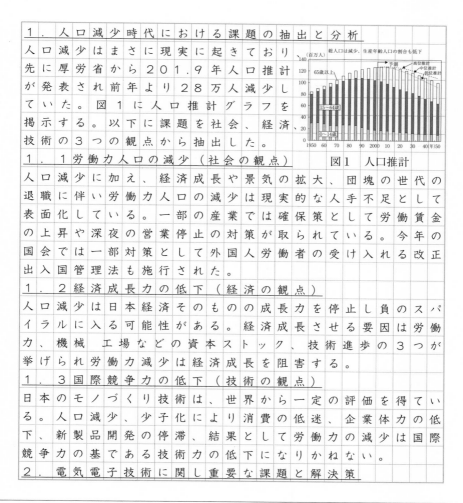

図1　人口推計

人口減少はまさに現実に起きており、先に厚労省から2019年人口推計が発表され前年より28万人減少していた。図1に人口推計グラフを掲示する。以下に課題を社会、経済、技術の3つの観点から抽出した。

1．1労働力人口の減少（社会の観点）

人口減少に加え、経済成長や景気の拡大、団塊の世代の退職に伴い労働力人口の減少は現実的な人手不足として表面化している。一部の産業では確保策として労働賃金の上昇や深夜の営業停止の対策が取られている。今年の国会では一部対策として外国人労働者の受け入れる改正出入国管理法も施行された。

1．2経済成長力の低下（経済の観点）

人口減少は日本経済そのものの成長力を停止し負のスパイラルに入る可能性がある。経済成長させる要因は労働力、機械　工場などの資本ストック、技術進歩の3つが挙げられ労働力減少は経済成長を阻害する。

1．3国際競争力の低下（技術の観点）

日本のモノづくり技術は、世界から一定の評価を得ている。人口減少、少子化により消費の低迷、企業体力の低下、新製品開発の停滞、結果として労働力の減少は国際競争力の基である技術力の低下になりかねない。

2．電気電子技術に関し重要な課題と解決策

285

技術士　第二次試験　模擬答案用紙

受験番号								技	機械部門	受験申込書に記入した専門とする事項
問題番号	Ⅰ－2							選	科目	

枚目 2/3 枚

重要と考える課題は「労働力人口の減少」であり、ロボットを中心とした大システム化の解決策3つを示す。

2. 1 AIを用いた事務作業に対する大規模システム化

既に一部の企業ではRPAによる事務処理が始まっている。今後は更に対応範囲を拡大し、事務作業は人工知能で処理できる業務はAIシステムで対応させる。事務職員は人の判断を要する業務とし、業務分担できる。

2. 2 工場生産ラインでのシステムロボット化

生産ラインのロボット化は一部で採用されているが中小の生産ラインでは十分ではない。現状使用範囲も限定的で、工場全体をシステムロボット化することにより生産性向上と作業員削減に効果的である。

2. 3 作業車の自動運転と作業員へのアシストロボ化

3Kと称される職場において、ロボット化は有効な対策である。土木作業や農業での作業車の運転手は1台に1人が対応する事から自動運転とロボット化による労働者削減は効果的である。3K職場での荷物取扱い等作業員のアシストロボ化により職場環境改善に繋がる。

3. 解決策に共通した新たなリスクとその対策

ロボット化は既に採用されており解決策は大規模なシステム化である。これによる新たなリスクと対策は、情報セキュリティの強化と安全対策である。ロボットシステム化における情報セキュリティの強化は、今現在でも重要管理項目である。ロボットシステム化の採用は規制の範囲内でシステムのオープン化によりリスクの低減で効

技術士　第二次試験　模擬答案用紙

受験番号								

技選　機械部門
科目　受験申込書に記入した専門とする事項

問題番号　Ⅰ－２

枚
枚　目
3
3

果的な対策となる。ロボットとの協働作業の職場では新たな安全規制が対策として欠かせない。

4．業務遂行において必要な要件

4．1技術者倫理の観点からの要件

1）基準の統一と関連法の制度化。新たなシステム化を構築する際に最も必要なことは、基準の統一化が要件となる。基準の統一とシステムのオープン化により多くの企業が参入し安価で提供できる仕組みとなる。

2）労働安全衛生法の強化。既に産業用ロボットとの協働する職場の安全対策は労働安全衛生規則第150条の3に規定されているが、今後さらなる各種作業において協働化が進むことが予想され、更なる安全対策を関係団体により安全対策協議会を設置して新たな法制度化が要件となる。

4．2社会の持続可能性の観点からの要件

1）各種ロボットシステム化には、情報通信技術の高速化5Gの採用、高精度化と一対である高精度センサーの開発が要件となる。これらの技術の採用により24時間稼働し、生産性の向上と効率的で効果的な企業活動が可能となり社会で持続的に活用できる。

2）各種ロボットシステム化の採用企業に対して政府の支援策が要件である。導入費用の一部を補助すれば各企業が先んじてロボットシステム化を採用し、労働力不足の問題を解決できる。これらの技術を我が国の社会経済システムとして確立し、生産性向上と安全な生産工場システムを世界に発信できる。　以上

上記問題文の論文の章立てと見出しについて確認してみます。

---

1. 人口減少時代における課題の抽出と分析
1. 1 労働力人口の減少（社会の観点）
1. 2 経済成長力の低下（経済の観点）
1. 3 国際競争力の低下（技術の観点）
2. 電気電子技術に関し重要な課題と解決策
2. 1 AIを用いた事務作業に対する大規模システム化
2. 2 工場生産ラインでのシステムロボット化
2. 3 作業車の自動運転と作業員へのアシストロボ化
3. 解決策に共通した新たなリスクとその対策
4. 業務遂行において必要な要件
4. 1 技術者倫理の観点からの要件
4. 2 社会の持続可能性の観点からの要件

　本解答例と問題文の設問に対する論文の書き方について確認してみましょう。

問題文から背景となるのは「人口が減少する中で社会 経済システムの構築が求められる」と書かれていますのでこの背景が重要になります。解答例では具体的に○○社会システム○○経済システムとは書かれていませんが、最後に、これらの技術を我が国の社会経済システムとして確立し、生産性向上と安全な生産工場システムを世界に発信できる。と全体を説明されています。

「1. 人口減少時代における課題の抽出と分析」については、観点を明確にした課題として社会、経済、技術の3つの観点から抽出しています。「1. 1 労働力人口の減少（社会の観点）」「1. 2 経済成長力の低下（経済の観点）」「1. 3 国際競争力の低下（技術の観点）」と多面的な観点と捉えることができます。

「2. 電気電子技術に関し重要な課題と解決策」については、文中に重要と考える課題は「労働力人口の減少」であると書かれ、ロボットを中心とした大システム化の解決策を3つ提案しています。「2. 1 AIを用いた事務作業に対する大規模システム化」「2. 2 工場生産ラインでのシステムロボット化」「2. 3 作業

車の自動運転と作業員へのアシストロボ化」いずれも現在開発され始めたものでありシステムの拡大であるとしています。したがって、少し新規性が感じられません。

「3. 解決策に共通した新たなリスクとその対策」については、文中に「新たなリスクと対策は、情報セキュリティの強化と安全対策である」と明記されております。このように設問に答える書き方は分かり易い解答となります。

「4. 業務遂行において必要な要件」については、「4．1技術者倫理の観点からの要件」については「1. 基準の統一と関連法の制度化」「2. 労働安全衛生法第150条の順守」を「4．2社会の持続可能性の観点からの要件」については「1. 各種ロボット化システムには、情報通信技術の高速化5Gの採用、高精度化と一対である高精度センサーの開発」「2. 各種ロボット化システム採用企業に対して政府の支援策」がそれぞれの観点からの要件を2つ提案し具体的な内容となっています。

残念なところは、①問題文では専門分野を踏まえて考えを示せとなっていますが、この点が明確に示されていないので改善の余地があります。また、②新たなリスクと対策に情報セキュリティ対策がリスクの対策であると書かれていますが、具体的な記述がありません。この点も改善の余地があります。

　必須科目で問われるコンピテンシーと5つです。各設問と評価項目の割り振りも決まっており、①専門的学識は設問全般、②問題解決は設問1と設問2、③評価は設問3、④技術者倫理は設問4、⑤コミュニケーションは設問すべての論文記述力となっています。すべての部門の問題文は、ほぼ同じ形式と内容となっており、毎年のテーマが変わるだけですから、問題文に忠実に解答する準備をすれば論文は書けるようになります。
　必須問題の出題内容は、現代社会が抱えている様々な問題について「技術部門」全般に関わる基礎的なエンジニアリング問題としての観点から、多面的に課題を抽出して、その解決方法を提示し遂行していくための提案を問うもので

す。例えば、地球温暖化、カーボンニュートラル、自然災害の激甚化、人口減少と高齢化加速、技術者不足、BCP、持続可能な開発目標（SDGs）実行、パンデミック拡大、新技術（DX）開発などがあります。

4-2　電気電子部門　選択科目　論文実例

1　キーワードの展開による論文作成の例

令和3年度 電気電子部門　（電気設備）Ⅲ選択科目（解答用紙3枚）

Ⅲ-1　我が国では、人口が2010年をピークに減少に転じ今後もこの傾向が続くと予想される中、国の成長力を維持するための生産性の向上が求められており、電気設備分野においても生産性向上対策の議論が活性化している。また、電気設備分野を含めた建設業界では、建築物や建築設備の複雑さや高機能化に伴い設計・施工・管理業務・保全業務などの繁忙度が高まることで時間に追われる感覚や建設現場特有の作業環境などが敬遠され、担い手確保に向けての働き方改革が求められている。

(1) 上記を踏まえ、電気設備分野を含めた建設業界を魅力あるものにしていくため、業界の働き方改革を伴う生産性向上を達成させるための課題を、電気設備分野の技術者として多面的な観点から3つ抽出し、それぞれの観点を明記したうえで、課題の内容を示せ。

(2) 抽出した課題のうち最も重要と考える課題を1つ挙げ、その課題の解決策を3つ示せ。

(3) すべての解決策を実行しても新たに生じうるリスクとそれへの対策について、専門技術を踏まえた考え方を示せ。

本問題では、電気設備分野を含めた建設業界の働き方改革を伴う生産性向上に向けて、どのように解答論文を考えるかについてステップ毎に進めてみましょう。

ステップ1　この問題を熟読し、電気設備分野の技術者として答えなくては
　　　　　　なりません。したがって、電気設備分野の生産性向上の実現に
　　　　　　向けて、解答の絞り込みを行い、設問に沿って解答が必要とな
　　　　　　ります。
ステップ2　問題を読んで章立てを決定します。
ステップ3　各章の記述内容の骨子を考えます。
ステップ4　各章の文字量の配分を決定します。
ステップ5　記述開始します。

(1) ステップ1　解答の絞り込み

　業界の働き方改革を伴う生産性向上に向けて課題を多面的な観点から3つ抽出し、それぞれの課題の内容を説明します。観点は本問題が経営に直結することから経営資源の視点（ヒト・モノ・カネ）から抽出すればよいと考えます。何故なら働き方改革や生産性向上といった経営一般に関わるものであるからです。

(2) ステップ2　章立てを考える

1）働き方改革を伴う生産性向上に向けて課題と観点について
2）最も重要な課題と解決策
3）新たに生じうるリスクとその対策

(3) ステップ3　解答論文の記述骨子を考える

1）業界の働き方改革を伴う生産性向上に向けて課題について、観点としては企業の経営資源である（ヒト・モノ・カネ）で説明する。それぞれヒトの観点での課題、モノ（技術）の観点での課題、カネでの観点での課題について、担い手不足・労働時間の現状・現場環境などの現状の問題点からの課題を働き方改革関連法案からあるべき姿を示し課題とする。

2）最も重要な課題について、モノの観点を挙げ、何故、最重要と考えたかを示し、課題の解決策を提案する。提案には、作業の自動化やデジタルDXの取り組み、ロボット化などを提案する。

3) 解決策を実行しても新たに生じるリスクとその対策の骨子について
は、解決策に共通する項目から実施後のリスクを抽出し、その対策は専
門技術を踏まえてと指示されています。

(4) ステップ4　各章の文字量の配分を決定する
論文の用紙に各章のタイトルと文字量の配分を決定する。

論文構成

（1枚目）

（1）業界の働き方改革を伴う
　　　生産性向上の観点と課題

1）3つの観点について

2）各観点における課題

（2枚目）

（2）最重要課題と解決策

1）最重要課題について

2）解決策1

3）解決策2

4）解決策3

（3枚目）

（3）新たに生じるリスクと
　　　その対策

1）新たなリスク

2）リスクの対策

（1）から（3）の内容を纏める以下の内容になります。

・設問1で、3つの課題を挙げる際にどのような考え方で3つを挙げたかの
理由を述べて論述を始めます。

・設問2で、何故最も重要な課題かを述べたうえで、解決策は2か3つを記
述ください。全体的な紙面割り振りも重要なポイントですから
設問2が最も多い文字量にすることです。

・設問3で、新たに生じるリスクは1つに絞ります。対策はリスクマネジメ
ント手法を用いて「分散」「低減」「回避」の内容を組題的に書きます。

2　電気電子部門（電気設備）Ⅲ選択科目　令和３年度問題　解答例

問題

Ⅲ-1　我が国では、人口が 2010 年をピークに減少に転じ今後もこの傾向が続くと予想される中、国の成長力を維持するための生産性の向上が求められており、電気設備分野においても生産性向上対策の議論が活性化している。また、電気設備分野を含めた建設業界では、建築物や建築設備の複雑さや高機能化に伴い設計・施工・管理業務・保全業務などの繁忙度が高まることで時間に追われる感覚や建設現場特有の作業環境などが敬遠され、担い手確保に向けての働き方改革が求められている。

(1) 上記を踏まえ、電気設備分野を含めた建設業界を魅力あるものにしていくため、業界の働き方改革を伴う生産性向上を達成させるための課題を、電気設備分野の技術者として多面的な観点から３つ抽出し、それぞれの観点を明記したうえで、課題の内容を示せ。

(2) 抽出した課題のうち最も重要と考える課題を１つ挙げ、その課題の解決策を３つ示せ。

(3) すべての解決策を実行しても新たに生じうるリスクとそれへの対策について、専門技術を踏まえた考え方を示せ。

解答例

(1) 業界の働き方改革を伴う生産性向上の観点と課題について

　電気設備業界における生産性向上の課題を挙げる観点は、企業の経営資源である、ヒト・モノ・情報の観点から課題を抽出する。業界の担い手確保に向けて働き方改革も求められていることから経営資源の観点は最も相応しいと考える。

1) モノ（技術）観点からの課題について

　課題は、業務の生産性向上に繋がる技術改善である。

　現状電気設備の作業者は建設現場では機器設置、ケーブル接続など現場に合わせの作業が大半である。現場ではワンタッチ操作で行える作業、専用治具での機器設置、高圧ケーブルの端末処理の不要なケーブル採用、など初心者でも対応できる作業への取組が必要である。生産性向上はこれまでも積み重ねられてきたので、継続的に作業の改善を積み重ね、作業効率を挙げる必要がある。

2) ヒトの観点からの課題について

　課題は、作業員による作業方法の改善である。

　現状電気設備の作業者は建設現場でも、建設業者による建築物の仕上げの後に作業開始することから、全体工程の最後の部分を担うことから工程厳守の現場では、電気設備作業員は夜遅くまで作業を余儀なくされている。また、職人的要素が含まれる作業が数多くあることから、作業はヒトの数と時間の長さで処理されており、作業員の多能工は必須である。

3) 情報の観点からの課題について

　課題は、現場で活用できる電気設備作業のDX戦略である。

　電気設備に係わるDXは限られており、特に現場で使用されるものは少ない。現場施工及び施工管理業務の「生産性向上」に効果的に活用できる資機材の開発、新たなソフトウェア、工具類等計測器、画像記録、安全な工具など情報技術を活用したデジタルトランスフォーメーションの開発が必要である。

<u>(2) 最重要課題と解決策</u>

最も重要な課題は、業務の生産性向上に繋がる技術改善である。その理由は、現場における作業員への負担を軽減する技術改善を実施すべきである。働き方改革を伴う生産性向上は働き方改革の組織活動により進めると効果的である。

1) 第一解決策

社内提案された作業改善策の積極的な活用と改善策の積み重ねである。現在実施している作業の一つ一つを分解し、改善ができるように企業の組織活動として行う。特に作業者を特定する職人的業務は改善が必要である。現場でなくても事前に工場でユニット化出来るものを改善すべきである。工具や測定器の結果をデータ通信で検査記録の作成、3D レーザスキャナ活用による作業員削減策、図面管理資料の RPA 処理による時間を削減できる改善策の採用と展示会での新たな資機材を見つけることも大切である。

2) 第二解決策

現場管理作業にも改善策を組織的に取り組む。例えば、現場管理資料の RPA 処理、各種現場での検査後のデータ処理と結果報告などは DX 処理、工具の点検記録作成。また、作業管理責任者に負担になる、出勤簿、パトロール結果や作業日報の作成についても簡単入力によって作成できることで作業工数削減できる。

3) 第三解決策

働き方改革の実現には生産性の向上のみでなく、組織として実行計画を立案し、PDCA を回し継続改善を実施することは必要である。

実行計画には、「労働生産性向上策」「長時間労働の是正検討」「柔軟な働き方がしやすい環境整備」など、方針を決め社内だけでなく社外コンサルタントを入れた取り組みとする。生産性向上を目的とした業務改善活動、提案ポストの設置も有効である。また、「人材育成計画」の中に作業員の多能工化計画も立案しローリングにより計画的に人材育成に取り組む。

<u>(3) 新たに生じうるリスクとその対策</u>

1）新たなリスク

　新たに生じるリスクは、費用負担の増加である。例えば、組織活動の改善活動にも費用は必要であり、デジタルトランスフォーメーションの導入にも外部のソフト企業を使用すれば費用を必要とする。また、作業員の中には改善活用のみに時間を要し、本来の作業をおろそかにする作業員が現れるリスクもある。

2）リスクの対策

　費用については、厚生労働省にて、生産性向上を支援し事業場内で最も低い賃金の引き上げを図るために、「業務改善助成金」制度を設けている。この制度では、生産性を向上するための設備投資などを行う費用の一部を助成されるので活用すべきである。

　次に改善活動については、組織一体となって活動することが目的であることから、社員一斉の提案日の設定。提案活動時間外の有償化、各作業現場単位での活動とすることで不公平感をなくすことが大切である。活動による改善効果の大きな提案は、表彰制度の導入や報奨金などのインセンティブを付与するなど、社員に改善活動への取り組みを積極的にさせる制度を確立する事である。

3　電気電子部門（電気設備）Ⅱ選択科目　令和3年度問題　解答例

Ⅱ選択科目−1　　原稿用紙1枚問題

> Ⅱ-1-2　非常電源・予備電源の直流電源装置に用いられる代表的な蓄電池及び停電に備え満充電を維持する充電方式の概要についてそれぞれ2種類述べよ。

解答例

非常電源・予備電源の蓄電池を満充電する充電方式について
常時満充電を維持する浮動充電方式とトリクル充電方式について説明する。

1）浮動充電方式

　浮動充電は、蓄電池の充電回路と負荷が常に並列接続されたままの状態で充電する方式で、フロート充電とも呼ばれる。充電回路は負荷とも常に接続されるので、入力起原が喪失しても切り替え時にも電源の瞬断することなく、切り替え回路も不要である。

図1　浮動充電方式

負荷に一時的な始動電流や突入電流などの大電流が流れた場合でも、蓄電池が緩衝機能として役割を果たし交流入力電源は過電流にならない利点がある。

2) トリクル充電方式

　トリクル充電では、常に微小電流によって蓄電池に充電を続けることで満充電を維持する。電流が微小なため過電流の障害は起こらない。一度満充電となると蓄電池の充放電がないため、蓄電池の負担が少ない特徴がある。

　但し、微小電流による充電という特性から放電した状態から満充電までは時間を要する。また、入力電源の停電時には、供給電源の切り替えの為に回路が必要となる。

　電源切り替え時はリレー接点による切り替えになるため、物理的に瞬断が発生する。したがって瞬電による影響しない回路に使用する。

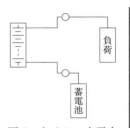

図2　トリクル充電方式

Ⅱ選択科目−2　　原稿用紙2枚問題

Ⅱ-2-1　新築高層オフィスビルの建設に当たり、洪水によって想定される浸水深0.5～3.0m未満の洪水等が発生した場合における対象建物の機能維持に向けて浸水対策を講じる計画を実施することになった。この業務を電気設備担当責任者として進めるに当たり、下記の内容について記述せよ。
(1) 調査、検討すべき事項とその内容について説明せよ。
(2) 留意すべき点、工夫を要する点を含めて業務を進める手順について述べよ。
(3) 業務を効率的、効果的に進めるための関係者との調整方策について述べよ。

解答例

（1）電気設備の浸水対策計画についての調査・検討項目

浸水リスクの調査と電気設備を特定し想定する水深の検討を行う。

1）調査項目としては

① 本問題では 0.5m ～ 3m 未満の浸水する値が指定されているが、建築予定地との関係が不明であることから調査する。

② 念のため建設予定地の当該市町村が公表しているハザードマップにて最大浸水深さを調べる。また、建設予定地の過去最大降雨、浸水実績やその他の関連情報を調査し、問題文との整合性を確認する。

2）浸水対策の検討項目

① 対象とする電気関連設備について検討する。対象は受変電設備、非常用自家発電機、電源変圧器、分電盤、エレベータの設備機器、通信制御盤、非常用通信、消火設備盤に係わる設備機器などを特定する。

② 浸水リスクの低い場所への上記対象の電気関連設備の設置を検討する。

③ 場合によっては低層階に設置が必要な電動ポンプや電気設備を十分な高さに設置できない場合の水防対策を併せて検討する。

（2）業務手順と留意点と工夫点

業務手順①

対象の設備の設置レベルが 3m 以上の階に配置できる。

対象設備は概ね次の設備とする。受変電設備、電源変圧器、非常用自家発電機、分電盤、エレベータ制御機器、通信制御盤、非常用通信、消火設備盤などすべての関連設備機器などを特定する。

留意点は、万一想定を超える規模の浸水等が発生した場合、電気設備の浸水被害が発生しうることから、対象設備すべてに重要度分類を行い、重要度にしたがってリスクの低い場所に設置する。可能な限り対象設備は高所設置とする。

工夫点については、電気設備に到るまでの浸水経路を予測し、全ての浸

水経路において止水板か止水処理材の充填を行う。

業務手順②

　想定（3m以下）より低い低層階に設置する電動ポンプや電気設備の設置計画。

　万一を考慮してオフィスビルへの浸水を防止する対策は、水防ライン上及び排水設備等の全ての浸水経路において、個々の対象の対策でなく建築物全体が一体的に行う必要がある。留意点は、低層階に設置しなくてはならない対象設備は防水タイプ用を計画する。工夫点について、浸水による被害を低減するためにオフィスビル全体を土嚢や防水壁などを建設側に事前依頼する。

業務手順③

　過去の電気設備の水害事例を入手し、事例から得られた水害対策内容は新築オフィスの計画に反映する。留意点は、対象電気設備の設置レベルと浸水範囲と同一の場合は、対象の電気設備設置室に防水扉を採用する。工夫点は、電源引込み口の電線管の貫通部その他の開口部についても、止水処理材の充填などにより浸水を防止する施工計画に反映する。

(3) 業務を効率的・効果的に進める関係者との調整方策

1) 業務を効率的に進める関係者との調整方策

　本計画に際し、建設会社の設計者から最新の水害事例と対策内容について確認し計画に反映する。特に建設側で実施する貯水槽、排水設備、換気口等の開口部の浸水対策の内容について確認しておく。

2) 業務を効果的に進める関係者との調整方策

　自社の施工実績から水害対策について実施内容と規模・費用について確認し計画に反映する。建設開始前にステークホルダに対し、電源設備の水害対策の計画内容について説明会を開催し同意を得る。

4　電気電子部門（電気設備）Ⅲ選択科目　令和3年度問題
キーワードと自分の業務に対応させた論文作成の例

Ⅲ-2　オフィスにおける従業員の健康問題は、事業の継続や仕事のパフォーマンスに大きく影響を与えるため、各々が健康で活力に溢れ自己の能力を最大限に発揮できるように配慮することは、高付加価値を伴う結果を生み出すうえで非常に重要となっている。そして、オフィスビルでは、空間を構成する重要な要素である照明の面から、これらの取り組みが始まっている。

(1) 上記を踏まえ、生活様式やワークスタイルの変化に対応した知的で創造性の高い業務を可能とするオフィス空間を提供するため、視環境改善についての課題を、電気設備分野の技術者として多面的な観点から3つ抽出し、それぞれの観点を明記したうえで、課題の内容を示せ。

(2) 抽出した課題のうち最も重要と考える課題を1つ挙げ、その課題の解決策を3つ示せ。

(3) すべての解決策を実行して生じる波及効果と専門技術を踏まえた懸念事項への対応策を示せ。

　本問題では、キーワードが示されています。オフィスの空間の視環境改善に向けて、どのように解答論文を作成するかについて考えてみます。

　問題文を熟読し、電気設備分野の技術者として答えなくてはなりません。

　オフィス空間での視環境改善に向けて、設問に沿って解答が必要となります。この場合のオフィス空間を入口エントランス、事務室内、通路、共用スペースなどを想定し、多面的な観点から3つを明記したうえで、観点からの課題の抽出を行います。(2) 最重要課題と解決策、(3) 新たに生じる波及効果と懸念事項への対策。解答のステップの進め方はキーワードを対応させて解答した場合と相違ありません。

　<u>自分の業務に対応させて解答する場合</u>

　自分の業務に対応させるために、自分が実施した新築ビルの照明設備設置計画と同じ考え方で解答すると誤りになります。理由は、業務上で実施する照明設備は、照明器具費や使用電力等、経済性と照明効率を優先した計画と考えられます。

　本問題はオフィス空間での視環境改善は高付加価値を伴う照明設備を心掛けなくてはなりません。創造性を高めるオフィス空間を提供する目的から、照明の単一の照度と色温度だけでなく、一人作業と複数人など事務室の目的に合わせ視環境の快適性を希求した設備が解答になります。

5　令和4年度解答作成のための課題抽出
　　（建設部門・機械部門・電気電子部門を例に）

　技術士試験の解答論文は、課題の抽出を誤るとA評価は得られません（Ⅲ選択科目とⅠ必須科目対策）。理由は、課題を起点として問題が作成されているからです。そして問題文より、課題抽出・その解決策・そのリスク・その対策等と回答を記述します。すなわち、その言葉（課題）が問題文のキーワードとなっています。

　課題を正しく抽出するには問題文を熟読し目標・問題点を抽出します。

　・一般的には問題文から問題点を挙げて課題を抽出します。

　・問題文により目標のみで問題が出題されない場合があります。

　・大括りの課題は問題文の中で記述されている場合もあります。

　課題のあげ方（抽出）が良くない例は、下記です。

【解答者の悪いパターン】

1. 問題文の背景（前段部）を重要と考えていない
2. 問題文から何が目標か正しく認識できていない
3. 問題文を正しく読み込んでいない
4. そもそも問題と課題の違いを理解していない
5. 問題文の読みが雑で何が必要かわかっていない

　課題を正しく抽出することが合格へのカギとなります。

　短時間で課題抽出訓練を行うことにより、合格論文に近づきます。

　問題文から目標や問題を認識し課題を正しく抽出出来るようになる必要があります。

　問題とは何かを正しく理解しましょう。

　・問題分析

「問題分析」のとき「問題」の背景・要因・原因を明確にし、<u>問題を解決す</u>

るためになすべき「課題」を適切に設定することです。ここでは、「何が問題であるか＝問題とは何か」を明確にすることが重要です。

「問題」とは、「あるべき姿（目標・水準）を現状とのギャップ（差異）」が、定義です。

日本技術士会からの問題と課題を説明した図を下記に掲載します。

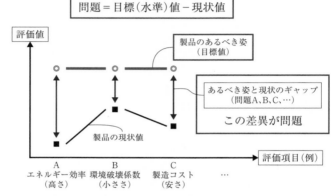

図　複合的な問題の例　日本技術士会「修習技術者のための修習ガイドブック」より引用

さて日本技術士会の資料には、下記と示されています。

「問題解決のステップ例」

　①「問題発見」（問題の明確化：目標値と現状値のギャップ）

　②「問題分析」（背景、要因、原因の調査・分析・整理）

　③「課題設定」（問題を解決するために為すべき課題を設定）

　④「対策立案」（課題に対する実施事項の立案、採否・優先順位の決定）

　⑤「実行計画書の作成」（実施事項の詳細、スケジュール、実施結果の評価基準）

　⑥「対策実施」（実施、結果の確認）

　⑦「評価」（結果の効果の評価）→①以降のステップ

（出典）修習技術者のための修習ガイドブック―技術士を目指して―（公益社団法人 日本技術士会）

これらを図で示すと下図となります。

問題と課題について

問題文にある背景と自己の技術分野を踏まえて目標を設定

理想（目標）

現実

差　ギャップ（問題）

問題とは　目標・あるべき姿と現実との差
　　　　　ギャップ（マイナス要因、欠陥事項など問題点）

目標の状態を挙げたうえで両者のギャップを示すと良い

課題とは　やるべきこと、解決の手段、前向きな取り組み
　　　　　（クライアントから依頼された遂行すべき業務のテーマ）

課題のタイトル　〜の実現　〜の確立　〜の開発
　　　　　　　　〜の策定　〜の実施　〜の対策 等

問題文より課題の共通性と解決するための
新たなリスクや新たな問題点が出てくる

◎自分の技術フィールド（技術部門・専門科目）での問題を洗い出す。
　この時、解決策、解決した結果、新たなリスクとその対策も想定する

さてそれでは、令和 4 年度の問題で考えてみましょう。

令和 4 年度「建設部門」Ⅰ必須科目の問題

Ⅰ-2　世界の地球温暖化対策目標であるパリ協定の目標を達成するため、日本政府は令和 2 年 10 月に、2050 年カーボンニュートラルを目指すことを宣言し、新たな削減目標を達成する道筋として、令和 3 年 10 月に地球温暖化対策計画を改訂した。

　また、国土交通省においては、グリーン社会の実現に向けた「国土交通グリーンチャレンジ」を公表するとともに、「国土交通省環境行動計画」を令和 3 年 12 月に改定した。

このような状況を踏まえて以下の問いに答えよ。
(1)　建設分野における CO$_2$ 排出量削減及び CO$_2$ 吸収量増加のための取り組みを実施する に当たり、技術者としての立場で 多面的な観点 から3つ 課題 を抽出し、それぞれの観点を明記したうえで、課題の内容を示せ。
(2)　以降は省略

　さて、一般に必須科目は社会的な問題に対し、受験する技術部門のワードで解答が必要です。

　上記 I-2 建設部門の問題文からの課題を抽出すると、下記となります。

【目標・あるべき姿】
　・2050年カーボンニュートラルの実現

 ギャップ 【問題】　・建設分野での機械で CO$_2$ が削減されていない
　　　　　　　　　　　・インフラの LC 全体でのカーボンニュートラルになっていない

【現状・現実】
　・地球温暖化の進行と温暖化がもたらす気象災害の激甚化・頻発化
　・我が国の CO$_2$ 排出量の約5割を運輸・民生部門が占める

【課題】（案）（問題を解決するためにやるべきこと・解決手段・取り組み）
　・問題文から多面的な観点を考慮し解決できる課題を3つ抽出
　・（技術）建設機械からの CO$_2$ 排出量の削減
　・（ヒト）他の部門に携わる人との連携、分野横断のつながりや交流
　・（カネ）CO$_2$ 排出削減機械の社会実装への取り組みや必要な資金調達

令和4年度「建設部門」Ⅰ必須科目の問題

1-1　我が国では、技術革新や「新たな日常」の実現 など社会経済情勢の激しい変化に対応し、業務そのものや組織プロセス、組織文化・風土を変

革し、競争上の優位性を確立する デジタル・トランスフォーメーション （DX）の推進を図ること が焦眉の急を要する 問題 となっており、これは インフラ分野 においても当てはまるものである。

　加えて、インフラ分野ではデジタル社会到来以前に形成された既存の制度・運用が存在する中で、 デジタル社会の新たなニーズに的確に対応した 施策を一層進めていくこと が求められている。

　このような状況下、インフラへの国民理解を促進しつつ安全・安心で豊かな生活を実現するため、以下の問いに答えよ。

(1)　 社会資本の効率的な整備、維持管理及び利活用に向けてデジタル・ トランスフォーメーション （DX）を推進 するに当たり、技術者としての立場で多面的な観点から3つ課題を抽出し、それぞれの観点を明記したうえで、課題の内容を示せ。

(2)　以降は省略

上記 I-1 建設部門の問題文からの課題を抽出すると、下記となります。

【目標・あるべき姿】
　・DX活用（技術革新や社会経済情勢）による競争上の優位性を確立する

 ギャップ 【問題】　・膨大な量がある社会資本の効率的な整備や維持管理がなされていない

【現状・現実】
　・デジタル社会に不可欠なデジタルデータが十分に整備されていない
　・人流、物流、地形、気象等の他のデータとも連携しきれていない
　・新たな価値を創出するデータ連携の仕組みの整備が不十分

【課題】（案）（問題を解決するためにやるべきこと・解決手段・取り組み）
　・問題文から多面的な観点を考慮し解決できる課題を3つ抽出
　・（技術）インフラデータの一元化と連携強化および最大限の活用
　・（ヒト）施工・維持管理等の更なる高度化・効率化に取り組む人材の確

保と育成

・（カネ）革新的な技術開発や社会実装への取り組みや必要な資金調達

令和4年度「機械部門」Ⅰ必須科目の問題

Ⅰ-2 コロナウイルス感染症拡大防止のためテレワークの導入が急速に進められてきており、今後は単なるテレワークのためのツールや環境の開発・整備だけでなく、テレワーク自体の新たな形態への変革が進むと考えられている。一方、現在の機械製品の製造現場においては、実際に『現場』で『現物』をよく観察し、『現実』を認識したうえで業務を進める『三現主義』の考え方も重要と考えられている。特に、工場での製造業務や保守・メンテナンスを含む生産設備管理業務においては、機械稼働時の音や振動、潤滑油のニオイ等、人の感じる感覚的な情報を活用して業務に当たることが少なくないこのような状況を踏まえて以下の問いに答えよ。

(1) 生産・設備機械を監視・監督する保全技術者が三現主義のメリットを活かせるようにテレワークを実現する場合、どのような課題が考えられるか、多面的な観点から3つ抽出し、それぞれの観点を明確にしたうえで、それぞれの課題内容を示せ。

(2) 以降省略

上記Ⅰ-2機械部門の問題文からの課題を抽出すると、下記となります。

【目標・あるべき姿】

・新たなテレワークの確立

ギャップ【問題】

三現主義の活用
五感を生かしたデータ化が出来ていない
設備管理保守管理とテレワークの融合した取り組み

【現状・現実】
　　・保守・メンテナンスは現場主体でデジタル化が進んでいない
　　・テレワークは事務的な業務中心・設備監視保全技術の進歩がない

【課題】（案）（問題を解決するためにやるべきこと・解決手段・取り組み）
　　・問題文から多面的な観点を考慮し解決できる課題を3つ抽出
　　・（技術）テレワークでのVRと感覚センサーと融合したメンテ手法の確立
　　・（ヒト）ビックデータと感覚センサー・AIやIOTを連携できる人材育成
　　・（カネ）ロボットを活用した技術開発に必要な資金調達

令和4年度「電気電子部門」Ⅰ必須科目の問題

Ⅰ-2　地域（都市部を含む）医療では、従来から地域に密着した医療や遠隔医療の取り組みが行われている。しかし、技術実証から社会インフラとしての医療への移行・普及のため、健康ケア及び介護ケアを含めた、医療全体を考える必要がある。

　また、その対応は地域やそこに住む人々、職場、家族構成等によって異なり、実情に即した展開が必要である。

　地域医療を充実・発展させるため、以下の設問に技術面で答えよ。（政策は含まない）

（1）　持続可能な地域医療の実現に向けて、電気電子分野の技術者としての立場で多面的な観点から3つの課題を抽出し、それぞれの観点を明記したうえで、その課題の内容を示せ。（＊）解答の際には必ず観点を述べてから課題を示せ。

（2）　以降省略

上記Ⅰ-2電気電子部門の問題文からの課題を抽出すると、下記となります。

【目標・あるべき姿】
　　・地域医療の社会インフラとしての医療への移行・普及

・インフラだから健康ケア及び介護ケアを含めた医療全体を考慮（全体最適）

 ギャップ【問題】　医療費・介護費用の増大と将来財政破綻
　　　　　　　　　　　　　　　社会全体に均一医療の提供

【現状・現実】
・地域の人々、職場、家族構成等によって医療法が異る。
・医療本体・健康ケア・介護ケアが個々に対応（部分最適）

【課題】（案）（問題を解決するためにやるべきこと・解決手段・取り組み）
・問題文から多面的な観点を考慮し解決できる課題を 3 つ抽出
・（モノ）遠隔医療の高度化を可能とする通信網の高速化と多重化
・（ヒト）医療と介護の一体で改革できるシステム開発人材の確保と育成
・（カネ）コスト低減を目的とした新技術開発の資金の確保

以上から課題の抽出に必要な合格論文の要点をまとめると、下記となります。

1. **過去問を通じて課題抽出を何度も繰り返す**
   試験時を想定して短時間で課題の抽出が出来るようにする
2. **問題文から目標・現状・問題・課題の違いを抽出する**
   問題文の徹底した読み込みにより（出題方法が統一でない）
   課題抽出の方法も異なるので柔軟に考える
3. **白書・ガイドライン・基本計画の骨子を活用**
   解答論文の中に国の計画・方針を課題や解決策として入れる
4. **キーワード学習は事前準備（問題解決・課題遂行）を充実させる**
   充実したキーワード集が合格論文の近道である
5. **毎日勉強する習慣化**
   隙間時間を活用する生活習慣を身につける

あとがき

　石油など天然資源が乏しいわが国は、外貨を稼ぐ有力手段として人的資源の発掘、さらに優れた科学技術者の育成、強化が求められています。また、国民の安心、安全対策など新たな問題を解決する科学技術者への期待が一段と高まっています。さて技術者最高峰の国家資格の一つとして注目されている『技術士』は、技術士法で「科学技術に関する高等の専門的応用能力を必要とする事項についての計画、設計、分析、試験又はこれらに関する指導の業務を行なう者」と定められています。したがって「高度な専門知識と応用能力」を問う技術士試験は、第一次、第二次ともにハードルが高く、とりわけ筆記試験主体の第二次試験は、近年対受験者合格率10%前後にとどまり、なかなかの難関です。

　科学技術者を取り巻く環境は、刻々と変化しています。社会経済のグローバル化の進展、科学技術者の倫理問題、技術者資格の国際相互承認の動向、さらに研究開発面では、地球温暖化対策、太陽光など各種再生可能エネルギー利用などの新技術開発と実用化が要請されています。こうした時代の変遷、要請に呼応し、技術士第二次試験は、昭和33年に第1回試験が実施されてから半世紀ぶりの大改正で平成19年度から試験の方法も大きく様変わりしました。加えて平成25年から試験方法が見直され、筆記試験合格後に提出する技術的体験論文が廃止されました。その半面、口頭試験では適格性を判断することに主眼をおき、受験申し込み時に提出する実務経験証明書を踏まえて、資質能力（コンピテンシー）に基づくプレゼンテーション能力および記述式問題の答案について試問され、しかも試験時間が20分と短くなり一段と難易度が高まりました。さらに、**令和元年**（2019年度）新試験制度が大きく変貌し、実施されることになり、Ⅰ必須科目は択一式から記述式に戻り、ⅡとⅢの選択科目についても統合減少され幅広い専門知識、応用能力、課題解決能力及び課題遂行能力が求められることになりました。評価についても技術士に求められる資質能力コンピテンシーの重要な試験科目別確認項目の評価が求められます。**令和元年**（2019年度）からは、全部門共通の出題形式にパターン化され効率的な

対策が可能になりました。また、教育の質保証・国際的同等性の確保・専門職資格の確保、国際流動化は同一線上のテーマである観点と共通課題の重要な内容として論議が継続されている背景があります。

さらに近年は、初期専門能力開発（Initial Professional Development）「技術士制度における IPD システムの導入について」が話題になっています。これは、技術士を目指す若手技術者、高等教育機関を修了した技術者が実施する IPD 活動に対し、所属組織による OJT に加え、社会全体で支援しようとする仕組みで、IEA（国際エンジニアリング連合）が示す内容に基づき、技術的実務に就いた後に行う活動からとなっています。IEA の提言にあるテクニシャンのレンジでは実践的業務手順の指示、テクノロジストのレンジでは定義された知識の応用、エンジニアのレンジ（技術士レベル）では複合的なエンジニアリング問題に対して、その解決策を立案すると解説されています。従って、技術士の試験制度がさらに難関になることが予測されています。

これらを踏まえて、合格を手助けする受験対策本がさらに重要になると考えます。本書は、受験セミナーで培われ、使用した重要なプレゼンテーション資料や合格のテクニック・ルールなど最速合格の秘策を公開しています。近年 Web が主流になったセミナーを開催しており実際に受講している感覚で、よりすばやく理解でき、戦略的に挑戦できるようになりました。優れた技術論文の記述と本書が**最速合格**の一助となり、一人でも多くの優秀な技術士の誕生を編著者一同、心から祈念しています。

執筆協力者委員一同

株式会社　日本技術サービス
（JES 教育セミナー部）
　本書は、技術士試験受験生のために株式会社　日本技術サービス（代表取締役・坂林和重、統括部長兼主任講師・足立富士夫、専任講師・大森高樹、専任講師・小西和洋）が編集いたしました。合格に役立てて頂ければと思います。
　最新情報およびご質問などは、下記のホームページを参照してください。
　　ホームページ https://ejes.jp

参考資料

平成 31 年度　技術士試験の概要について
https://www.engineer.or.jp/c_topics/005/attached/
attach_5698_1.pdf

技術部門別の選択科目の内容【新旧対照表】
https://www.engineer.or.jp/c_topics/005/attached/
attach_5698_2.pdf

　参考ホームページ：技術士に関する最新の詳しい情報は、公益社団法人日本技術士会のホームページを参照。URL http://www.engineer.or.jp

引用・参考文献

1. はじめの一歩 技術士第二次試験 受験対策 基礎の基礎、オーム社
2. 2014 年版、2015 版、2016 版 技術士第二次試験 択一式問題集、日本技術サービス編、オーム社
3. 技術士第二次試験「最短合格」の秘訣と攻略法、足立富士夫、坂林和重、産経新聞出版
4. 技術士第二次試験の論理的攻略法—論文の書き方・文章のまとめ方—（改訂 2 版）、青山芳之、オーム社
5. プロが教える 技術士試験 合格ガイドブック、「資格の広場」JES、弘文社
6. 国家試験「技術士第二次試験」合格のコツ 論文 & 口頭試験戦略、PE サポートネットワーク（著）、足立 富士夫 他、日本工業新聞社
7. 国家試験「技術士第二次試験」ウルトラ合格のコツ、「資格の広場」JES、日本工業新聞社
8. 改定技術士第二次試験 技術士「最短合格」の秘訣と攻略法、足立富士夫・坂林和重、産経新聞出版
9. 世の中を元気にする・技術士を目指せ、本田 潔、足立富士夫、坂林和重、弘文社
10. 伝わる文章が「早く」「思い通り」に書ける 87 の法則、山口拓郎、明日香出版社
11. 論理的な文章を書く基本とコツ、西村克己、学習研究社
12. 成功する文書術、篠田義明、ごま書房、1996 年
13. 成川式文章の書き方、成川豊彦、PHP 研究所、2003 年
14. 技術者のための わかりやすい文章の書き方、オーム社、森谷仁、2015 年

15. 技術士第二次試験、評価される論文の書き方、下所　諭、中央経済社、2017 年
16. 文章力が身につく本、小笠原信之、高橋書店
17. 新版 論文の教室、レポートから卒論まで、戸田山和久、NHK 出版
18. 文章を書く技術、日本語を知る・磨く、佐竹秀雄、ペレ出版

著者紹介

足立富士夫（あだち　ふじお）

　大学卒業後に数々の業務を経験後に、東芝エンジニアリング㈱で 40 年活躍、プラントの計画設計エンジニアリングで、水力火力発電の自動化、製紙、セメント、化学、ガス器具製造プラント、農産物の選別システムの自動化　アスパラガス画像処理による自動選別システム、海外プラント建設では（アルゼンチン、フイリピン、イラン、サンジアラビア、台湾、中国、韓国、他）及び FS 調査では（アフリカ、ベトナム、モンゴル、チリ、メキシコ、フランス、西独、他）、減圧乾燥システムによる食品及び工業製品の乾燥システム技術などに従事した。退職後に CFA 技術士事務所設立、国家試験技術士第二次試験受験対策セミナー（東京）専任講師および新技術による融雪システム事業の特別技術顧問など、多くのコンサルタントの業務をしている。技術士第二次受験対策については数千人指導経験および技術士第二次試験の試験委員 10 年経験、書籍は参考書籍欄にある通り多数執筆している。
　技術士（電気電子部門）、第一種電気工事士、公益社団法人日本技術士会名誉会員

大森高樹（おおもり　たかき）

　1987（昭和 62）年 3 月東京理科大学大学院土木工学専攻卒業
　1987（昭和 62）年 4 月某総合建設会社入社し施工や設計に従事
　1999（平成 11）年 3 月建設部門　土質及び基礎　登録
　2002（平成 14）年 2 月某土木コンサルタント入社し計画や設計に従事
　2016（平成 28）年 3 月建設部門　道路　登録（＊ JES 主催の技術士試験対策コースを受講）
　2019（令和元）年から JES 技術士指導講師として活動を開始、現在は建設部門（土質及び基礎、道路）を担当
　2022（令和 4）年 4 月㈱日建設計にて CM、計画・設計等業務に従事中

小西和洋（こにし　かずひろ）

　某メーカにて国内の大型火力発電や原子力発電プラントの建設や定期点検プラントにて、電気設備や制御設備の試験検査やプラント試運転と運転に従事し、その後これらの国内プラントの現地副所長や所長に従事した。平成 27 年に退職し小西技術士事務所を設立し JES での専任講師を務めている。
　日本技術士会正会員、資格には、第一種電気工事士、RST トレーナ、電気主任技術者第三種、第一種電気工事施工管理技士、技術士（経営工学・総合技術監理）取得。

坂林　和重（さかばやし　かずしげ）
　富山県立砺波工業高校、東京電機大学、中央大学大学院を卒業。株式会社日産自動車で電気主任技術者など技術責任者を歴任後、現職。中央大学兼任講師、理工学研究所客員研究員、株式会社日本技術サービス代表取締役社長。
　資格や著書：電験一種合格、技術士（電気電子部門）、エネルギー管理士（熱・電気）、一級施工管理技士、第一種電気工事士。著書は、弘文社、オーム社、技術評論社、科学図書出版、産経新聞出版、日刊工業新聞社などから50冊以上。
　主な活動拠点：中央大学技術士会会長、学校法人中央大学理工学部（後楽園校舎）、日本電気技術者協会終身会員、日本技術士会正会員、全国設備業IT推進会技術アドバイザー、電気設備学会正会員

Memo

Memo

執筆協力者
・宇津山俊二　機械部門、総合技術監理部門
　　　　（有）フォリア　　代表取締役
・青山芳之　　建設部門、環境部門、衛生工学部門、総合技術監理部門
　　　　（株）青山環境研究所代表取締役

既に技術士資格を取得されている方々へのお願い
本書を受験指導にご採用いただける場合には、著作権法および技術士倫理に反しないよう適切にご使用いただくか、技術士制度発展のためにもご支援ご協力をさせていただきますので、ご一報をいただければ幸いです。

技術士第二次試験
合格する技術論文の書き方

編　　著　株式会社日本技術サービス（JES)
著　　者　足立富士夫・大森高樹・小西和洋・坂林和重

発行者　　岡崎　靖
発行所　　株式会社弘文社
印刷・製本　亜細亜印刷株式会社